Origen de Dios, el Universo y el Ser Humano

**Evidencia Racional
Confirmada Científicamente
Experimentada en el proceso SER HUMANO**

Revolución en el paradigma científico de la especie humana en la Tierra por el que rige su desarrollo de entendimiento de su proceso ORIGEN, el proceso existencial consciente de sí mismo cuya limitada interpretación racional actual es Dios, con Quién nos relacionamos por alguna de nuestras versiones fuertemente condicionadas culturalmente.

Juan Carlos Martino

Origen de Dios, el Universo y el Ser Humano,
Evidencia Racional, Confirmada Científicamente, Experimentada
en el proceso SER HUMANO.
Versión 1.

ISBN-10: 0692627537
ISBN-13: 978-0692627532 (Juan Carlos Martino)

Printed by Create Space.

Diseño de ilustraciones por Juan Carlos Martino.
Reproducción permitida mencionando autor y libro, y comunicando de ello al autor [ver dirección de correo electrónico (e-mail) en nota acerca del Autor o en el Apéndice].

Diseño de la portada por el autor.

DEDICATORIA

Para los líderes científicos, teológicos y sociales que orientan o influencían en los desarrollos individuales y colectivos de los seres humanos, sus asociaciones e interacciones;

para los diseñadores de la civilización;

para todos los seres humanos sin excepción alguna, crean o no crean en Dios o en alguna de las versiones predominantes de nuestro Origen, versiones racionalmente limitadas y fuertemente condicionadas culturalmente, que buscan respuestas a las inquietudes individuales y colectivas fundamentales de la especie humana presente en la Tierra y soluciones a los problemas globales de la civilización que ni ciencia ni religiones pueden resolver; respuestas y soluciones que no pueden lograrse bajo el marco de referencia prevalente por el que se rigen nuestras asociaciones humanas y los desarrollos del proceso racional para entender el proceso existencial consciente de sí mismo, nuestra relación con él, y nuestras funciones individuales y colectivas en él.

CONTENIDO

El triunfo del raciocinio humano.
Notas de Apertura.

Origen de Dios, el Universo y el Ser Humano
¿Qué tanto podemos alcanzar?   xi

¿Por qué reconocer y entender al Origen Absoluto
debería interesarnos a todos, creamos o no
creamos en Dios?   xv

Marco de Referencia Primordial.
¿Qué guiará nuestro proceso racional?   3

El Origen Absoluto.   11

Eternidad.   15

Marco de Referencia Primordial
Filosófico-Energético-Teológico.   21

Origen Absoluto.
Presencia eterna de un océano de sustancia
primordial de la que todo se genera y recrea.   29

Unidad Existencial.
Todo Lo Que Existe, Todo Lo Que Es.   35

Alcance de nuestro reconocimiento íntimo.   41

Estado de Sentirse Bien.
Experiencia del proceso ORIGEN en el proceso
SER HUMANO.   45

ILUSTRACIONES.   53

Modelo Cosmológico Unificado
Científico-Teológico.   **59**
Teoría de Todo.   63

Bases del Modelo Cosmológico Unificado.   75

Principio Primordial.   **93**
Armonía.   95

Algoritmo de Control del Proceso Existencial.   119

Conclusión.   123

Autor.   129

Apéndice.   131

AGRADECIMIENTO

A Dios, Consciencia Universal de la que somos Sus unidades de interacción, por guiar mi regreso consciente a Él, a Ella;

A todos con quienes me he cruzado e interactuado en esta manifestación de vida, junto a los que he ido experimentando quién deseaba ser al principio de este camino temporal, y más tarde Quién soy en la eternidad;

A mi esposa y compañera de vida, por ayudarme a hacer realidad esta participación; y a nuestros hijos, por permitirnos experimentarnos y disfrutar como padres y continuar creciendo como unidad de recreación de vida;

A todo el resto del mundo, todos, sin excepción, y sus eventos, por los que he podido ir redefiniendo mi identidad cultural temporal en armonía con mi identidad primordial eterna, infinita, incondicionada, irrestricta e ilimitada excepto por la Unidad Absoluta de la que todos somos partes inseparables.

El triunfo
del raciocinio humano

**Es entrar a la Mente de Dios para unos, a la
Mente Universal para otros,**

es hacerse parte consciente de ella puesto que la mente de la
especie humana (como también las inteligencias de todas las
formas de vida en el universo) son sub-espectros del colosal
arreglo de interacciones por las que se sustenta la Consciencia Universal, interacciones que tienen lugar en el manto e-
nergético universal en el que Todo Lo Que Existe, Todo Lo
Que Es, incluyendo nuestro universo, se halla inmerso.

La mayor experiencia racional de la especie humana

Es establecer las relaciones causa y efecto en los dos dominios energéticos que establecen, definen y sustentan el proceso existencial, dominios material y primordial (espiritual), que tienen lugar en una estructura[*] particular de la presencia eterna, en la estructura sobre la que ocurren las interacciones de esos dos dominios por las que se sustenta la consciencia de sí mismo del proceso existencial, la Consciencia Universal, Dios;

y es hacerse no sólo parte voluntaria, conscientemente, de Él, de Dios, del proceso existencial consciente de sí mismo, sino Uno en Él, desde aquí, la Tierra, y desde ahora.

[*]
Esta estructura es el *Sistema Termodinámico Primordial* para Ciencias, y es la TRINIDAD PRIMORDIAL que la Teología Cristiana reconoce como *Padre, Hijo y Espíritu Santo (o Espíritu de Vida)* de la que la trinidad humana *alma-mente-cuerpo*, reconocida por todas las civilizaciones y sus culturas, es una réplica a *imagen y semejanza*. Por la Mente Universal, a través de nuestro proceso racional local, podemos llegar a todos los entornos de la Unidad Existencial, incluyendo esta estructura.

Notas de Apertura

Origen de Dios, el Universo y el Ser Humano

¿Qué tanto podemos alcanzar?

Podemos llegar al Origen Absoluto de Todo.

¿Al Origen Absoluto... realmente absoluto?

Sí. ¿Qué más absoluto que el Origen de Dios, el Universo y el Ser Humano?

Y aún más, mucho más.

Podemos alcanzar a reconocer, describir y eventualmente entender el *Principio Primordial, Absoluto,* que rige el proceso existencial desde el que se derivan las leyes, todas, que gobiernan las manifestaciones energéticas en nuestro universo, y por el que se rige la transferencia de la manifestación de vida universal en las estaciones de vida universal, entre ellas la Tierra; principio por el que se rigen los desarrollos de consciencias de los individuos del proceso SER HUMANO y sus interacciones con la estructura de Consciencia Universal por las que se integran a ella.

¿Podemos llegar realmente al *Principio Primordial* de la existencia consciente de sí misma, ahora, desde la Tierra?

Pues... veámoslo cada uno por sí mismo.

Disponemos de una consolidación coherente y consistente de todos los aspectos de intereses primordiales del racio-

cinio humano; consolidación por la que se alcanzan las respuestas a las inquietudes fundamentales de nuestra especie humana presente en la Tierra, y por la que se nos abre el camino para las soluciones a nuestros problemas globales en el planeta y en la civilización, en la asociación de la especie humana y su modelo de desarrollo.

Disponemos de una consolidación coherente, consistente, indiscutible, inespeculable aunque mejorable siempre, de toda la información del proceso existencial que incluye:

- La fenomenología energética y de vida universal [no sólo la que se observa desde la Tierra sino la del dominio primordial (o espiritual) que no se alcanza con los sentidos materiales sino con la mente];
- La inteligencia de vida previa al "disparo" del fenómeno Big Bang;
- La presencia de la fuente absoluta de la que todo se genera y se recrea; fuente de todo, incluso Dios, la Consciencia Universal y su componente eterno, inmutable, el Espíritu de Vida;
- Nuestras experiencias de la Consciencia Universal en nuestra estructura energética trinitaria *alma-mente-cuerpo*, una réplica a *imagen y semejanza* de la estructura de la TRINIDAD PRIMORDIAL que define el *Sistema Energético Termodinámico Primordial* y sobre la que tienen lugar las interacciones que definen y sustentan la Consciencia Universal, Dios.

Llegaremos a todo lo antes expresado a partir del *Principio Absoluto* que se expresa conceptualmente en eternidad, y se hace realidad en el proceso existencial sustentado por un arreglo o estructura energética (sustancia primordial y movimiento) desarrollada a partir de la presencia de un colosal manto energético, de un extraordinario océano de sustancia primordial, la fuente absoluta de todo; proceso existencial estimulado por la nada, sí, estamos leyendo bien, *estimulado por la nada, por el vacío, por la ausencia absoluta fuera del océano de sustancia primordial*, fuera de su presencia cuya configuración espacio-tiempo entretiene una interacción que es consciente de sí misma, Dios, de la que somos unidades eternas, inseparables, presentes en una manifestación temporal.

Surgen preguntas.

¿Cómo puede la nada estimular a la sustancia primordial?

¿Qué tanto podemos reconocer la naturaleza y las propiedades de la sustancia primordial de la que todo se genera y se recrea; de la sustancia que reacciona frente a la nada fuera de ella?

Si la fuente absoluta de todo, de Todo Lo Que Existe, Todo Lo Que Es, es tan solo la presencia eterna de esa sustancia, fuente incluso de Dios, de nuestra versión racional limitada y culturalmente condicionada del proceso consciente de sí mismo del que somos partes inseparables,

¿Cómo puede establecerse y sustentarse a sí misma, eternamente, la Consciencia Universal de la que los seres conscientes de sí mismos, los seres humanos en la Tierra, somos su evidencia?

¿Qué tanto podemos explorar y penetrar en el proceso existencial, en la Mente de Dios, en la estructura del Espíritu de Vida, entender la Consciencia Universal, y hacernos partes conscientes de ella, desde aquí, desde la Tierra, y desde ahora?

Tenemos las respuestas, y podemos explorar tanto como estemos dispuestos a hacer lo que hay que hacer, algo sobre lo que insistiremos a menudo; insistiremos pues tener la información no es suficiente desde el punto de vista de proceso energético consciente de sí mismo y con voluntad propia, como tampoco es suficiente creer, desde el punto de vista teológico[Refs.(A).2, 3 y 4; (C).1].

Obviamente, no pueden cubrirse en un solo libro todas las respuestas que surgen en nuestras mentes luego de las afimaciones precedentes, pero contamos con esta introducción que junto a la información disponible al alcance de todos (que se indica cuando sea oportuno y necesario) nos abre el camino, a todos, a la más extraordinaria aventura racional del ser humano.

¿Por qué reconocer y entender el Origen Absoluto debería interesarnos a todos, creamos o no creamos en Dios?

No importa si se cree en Dios o no, pero hasta ahora, en la Tierra, hablar de Él es hablar de nuestro origen, el que sea; es hablar del proceso energético real, innegable, del que somos resultado y del que tenemos su información en nuestro propio arreglo energético que en nuestro planeta, en un entorno o "vecindario" del universo, nos establece y sustenta como proceso SER HUMANO consciente de sí mismo, que se reconoce a sí mismo.

El ser humano, no importa por ahora que sea el resultado de una creación particular de un Creador o de la evolución de una re-distribución energética, o de ambos, *de todas maneras proviene de una fuente inteligente consciente de sí misma*, ya que ningún proceso, tal como se sabe por las disciplinas racionales de Ciencia y Teología, puede arrojar como resultado una imagen más e-volucionada que la referencia que le guía al proceso para resultar en el sub-proceso SER HUMANO, ni más evolucionado que la función o el algoritmo que supervisa al proceso.

No necesitamos probar lo antes dicho, que repetimos para en-fatizar en ello, acerca de que ningún proceso real puede dar nada más inteligente que su referencia ni que su algoritmo de control, pues ya ha sido exhaustivamente confirmado. Sólo necesitamos entender racionalmente, a través del establecimiento de relacio-nes causa y efecto adecuadas, inespeculables, lógicas primordial-mente, es decir, en armonía con el proceso del que somos partes inseparables; y luego, viviendo por ello, hacernos realmente cons-cientes de lo que entendemos, incorporando lo que entendemos a nuestro arreglo de identidad, por lo que entonces haremos realidad en nuestro dominio del proceso existencial lo que hemos entendido.

La mayor experiencia racional de la especie humana.

Podemos llegar, todos, a la presencia eterna de la que todo parte; al Origen Absoluto de Todo Lo Que Existe, Todo Lo Que Es; al Origen de Dios y el ser humano; al Origen de nuestro universo y de la vasta manifestación de vida que permite y sustenta; al Origen de todo lo que observamos y experimentamos.

Podemos llegar a la configuración primordial de la Unidad Existencial que esa presencia establece y define; a la Unidad Existencial de la que nuestro universo es el entorno, el "vecindario" que se alcanza desde la Tierra, y explorar su estructura energética que sustenta la FUNCIÓN EXISTENCIAL consciente de sí misma, la Consciencia Universal a Quién llamamos Dios.

Podemos llegar a saber y entender todo cuanto deseemos, pues con respecto al proceso existencial y nuestra relación con él lo que deseamos nos es estimulado por el mismo proceso existencial del que somos sus unidades, estimulación que es parte del protocolo de comunicaciones primordiales[Ref.(A).4] a través de la red de pulsación universal.

¿Por qué querríamos hacerlo?

- Porque siendo nosotros, los seres humanos, unidades de interacción de la Consciencia Universal, nuestro estado natural de sentirnos bien y la calidad de nuestra experiencia de vida diaria dependen directamente de nuestra relación consciente, individual y colectiva, con ella;

- Porque a menos que el ser humano establezca la interacción consciente íntima, personal, con la Consciencia Universal de la que es parte inseparable, no puede regresar a su

---

xvi

estado natural, o mantenerlo, frente a cualquier y todas las circunstancias de vida a las que le toque enfrentar, ni crear un propósito frente a la circunstancia de vida particular en la que se encuentra o a la que llega a esta manifestación de vida temporal [Refs.(A).2 y 3; (C).1].

Veremos una breve introducción a nuestro estado primordial como ser humano, el *estado de sentirse bien*, y la relación con el proceso existencial, con nuestro proceso ORIGEN, un poco más adelante, en la primera parte del libro.

UNA SUGERENCIA.
Quizás sea conveniente para todos, ya sea que tengan un especial interés en los aspectos energéticos del universo y, o del proceso Origen, o particularmente en nuestra relación energética inseparable con el proceso UNIVERSO para unos, o el proceso O-RIGEN o Dios para otros, hacer una revisión inicial de la sección VIII, *Estado de Sentirse Bien, Experiencia del proceso ORIGEN en el proceso SER HUMANO*, y luego regresar a este punto.

Las secciones XI y XII ofrecen las primeras versiones, simples, al alcance de todos, de *Armonía, Principio Primordial* por el que se rige el proceso existencial y las interacciones por las que se sustenta la Consciencia Universal, y *Algoritmo de Control del Proceso Existencial*, respectivamente.

¿Podemos hacerlo, todos?

Todos podemos hacerlo, si lo deseamos y hacemos lo que tenemos que hacer. Todos, absolutamente todos somos partes, unidades inseparables del único proceso existencial; todos llevamos en nuestra estructura energética que nos sustenta como proceso SER HUMANO la información para interactuar con, y acceder a la Consciencia Universal. Esta interacción tiene lugar constante, incesantemente, aunque no seamos todavía conscientes de ello.

El acceso a la Consciencia Universal no está condicionado por absolutamente nada que no sea nuestra propia y sola actitud frente al proceso existencial[Refs.(A).2, (C).1]; y no tiene límites sino como consecuencia de nuestro proceso racional confinado por un marco de referencia que responde mayormente a nuestra realidad local del proceso existencial[Refs.(A).1 y 4], a la realidad que resulta de la experiencia sensorial y que es inherentemente limitada al sub-espectro de información existencial reconocido por los sentidos materiales (vista, oído, olfato, gusto y tacto) mientras que todo el resto del espectro existencial, todo, se alcanza a través de la mente, por el sentido de la percepción[Ref.(C).1].

NOTA.

Nos referimos al universo como estructura energética, y como proceso UNIVERSO al proceso que esa estructura permite y sobre la que se sustenta.

Igualmente con el ser humano, estructura trinitaria *alma-mente-cuerpo*, que sustenta el proceso consciente de sí mismo, el proceso SER HUMANO.

La diferenciación cobra sentido cuando reconocemos, luego, que los procesos UNIVERSO y SER HUMANO son partes del proceso existencial eterno, que se sustenta sobre estructuras temporales que se re-energizan y sobre las que se recrean las unidades de inteligencia en desarrollo de consciencia que se transfieren a otros entornos del proceso.

Trascendiendo nuestra dimensión de
realidad a través del proceso racional
guiado por el

Marco de Referencia
Primordial

El proceso existencial es compuesto por todas las redistribuciones de energía, la re-energización de las estructuras materiales, sus disociaciones, reasociaciones, y las interacciones entre estructuras de información y las comparaciones entre sus efectos en diferentes entornos y tiempos que tienen lugar dentro de la Unidad Existencial, del Universo Absoluto del que nuestro universo es uno de sus componentes. Estas últimas, interacciones y comparaciones, sustentan la Consciencia Universal que tiene lugar sobre un sub-espectro del proceso existencial.

I

¿Qué guiará nuestro proceso racional para entender el proceso existencial a que da lugar el reconocimiento primordial del Origen Absoluto?

Para guiar el desarrollo del proceso racional, del proceso de establecimiento de la estructura o arreglo de relaciones causa y efecto por las que el proceso SER HUMANO desarrolla su consciencia, su entendimiento del proceso existencial, o de la vida como usualmente decimos, de su origen primordial y de su relación con él, y de los propósitos de vida tanto individuales como colectivos, la especie humana presente en la Tierra ha sido dada el *marco de referencia primordial* por el cual regir sus desarrollos individuales y colectivos, sus asociaciones e interacciones entre sus individuos, y entre la especie y el entorno o ambiente energético y su fenomenología natural, y las demás especies de vida, todas.

Más aún.

Todas las asociaciones de la especie humana, a lo largo de sus experiencias de vida en la Tierra, no sólo han sido dadas, o mejor dicho, recordadas frecuentemente el *marco de referencia primordial* por el cual regir sus desarrollos, sino que ya lo traemos todos los seres humanos incorporado o impreso en nuestro arreglo energético por el que tiene lugar y se sustenta el proceso SER HUMANO.

Sin embargo, el hombre, el ser humano, ha venido cultivando y practicando diversas versiones culturales del *marco de referencia primordial* que se han desarrollado bajo la inducción de una de las dos fuerzas primordiales de conscientización, de una distorsión de una de ellas que no le permite reconocer la distorsión[a] en el arreglo de identidad que es la referencia del proceso racional para desarrollo de consciencia. Es obvio. No se puede corregir una distorsión a la que se ha tomado como Verdad, a una distorsión que es, precisamente, un elemento fundamental del marco de referencia prevalente hoy por el que se rigen los desarrollos culturales de todas las asociaciones de la especie humana presente en la Tierra. No es sencillo reconocer la distorsión, y cuando se reconoce, menos sencillo aún resulta tomar la decisión de proceder con la rectificación. Como una analogía sencilla para ilustrar lo antes dicho, si no supiéramos que una de nuestras referencias energéticas, por ejemplo la presión atmosférica de la Tierra, cambia con la altura, no podríamos saber que el agua hierve a una temperatura más baja en la montaña con respecto a la temperatura de ebullición a nivel del mar, y entonces no sabríamos por qué la misma agua hirviendo no produce el mismo efecto en la montaña que a nivel del mar. Lo mismo ocurre con nuestra identidad, con el arreglo de relaciones causa y efecto que nos define a cada uno de los seres humanos como un individuo del proceso SER HUMANO, un sub-proceso del proceso UNIVERSO, y éste, un sub-proceso del proceso ORIGEN. No hemos sido educados de esta manera, luego nos resulta difícil explorarnos a nosotros mismos y en relación a nuestro origen de esta manera. Esta exploración implica interactuar con nuestro proceso ORIGEN, el que sea, y eso actualmente no se lleva a cabo sino bajo versiones muy limitadas, condicionadas, y hasta distorsionadas.

Revisar, y luego más que eso, cambiar nuestro marco de referencia de desarrollo como seres humanos es realmente cambiar nuestra identidad cultural temporal frente a la identidad primordial; y ante esa situación la identidad cultural temporal se defiende, rehúsa el cambio, pues no ha aprendido a reconocer que es sólo una herramienta temporal de su identidad primordial a la que debe servir, o mejor expresado, por la que debe orientarse, voluntaria, conscientemente, para desarrollarse en armonía con el proceso ORIGEN y realizarse plenamente conforme a un propósito primordial a su alcance aquí, ahora, en la Tierra.

Estimular una revisión es ya hecha constante, incesante, naturalmente frente al estado fundamental, primordial, del ser humano, estado al que introduciremos breve pero suficientemente un poco más adelante. Frente a esa introducción podríamos sorprendernos a nosotros mismos queriendo iniciar una revisión íntima.

Podríamos preguntarnos cómo reconocer realmente la distorsión común a la especie humana, embebida en el arreglo de la identidad colectiva de la especie y que se transfiere culturalmente a largo de la experiencia humana en nuestro planeta. Podríamos preguntarnos, luego, cómo enfrentar la rectificación frente a un mundo, a una civilización que buscando la Verdad actúa rechazándola pues la distorsión cultural prevalece en el proceso racional de toma de decisión individual si el individuo no está listo para asumir el control de su desarrollo racional por sí mismo, para lo que no necesita enfrentar a su entorno social ni disociarse de él, sino, y paradójicamente todo lo contrario, experimentarse frente a él (sólo tiene que estar listo para asumir el reto frente al proceso existencial del que es parte inseparable). Podríamos preguntarnos si estamos listos, y cómo saberlo, o cómo llegar a estar listos.

Para responder las preguntas antes formuladas tenemos abundante información a nuestro alcance, de todos, indicadas en las referencias del Apéndice.

No es el propósito de este libro entrar en los aspectos relacionados con las referencias culturales para guiar nuestros desarrollos racionales, ni en nuestras actitudes individuales y colectivas frente a ellas o al *marco de referencia primordial*, sino en presentar una vez más el *marco de referencia primordial* a través del resultado de un proceso racional llevado a cabo guiado por él. Ese resultado es el *Origen de Dios, el Universo y el Ser Humano*.

Invitar a revisar el *Origen de Dios, el Universo y el Ser Humano* es invitar a revisar lo que se cree, que es parte de la identidad cultural, y ésta es la referencia del proceso racional por el que se realimenta y expande la identidad, precisamente, y por la que se realiza, experimenta a sí misma, a través de esa expansión.

—

Ahora bien.

Como ya mencionamos, no es fácil aceptar una revisión, mucho menos un cambio de nuestras referencias, las que habiendo sido desarrolladas bajo buena fe por líderes en las disciplinas racionales de filosofía, ciencia y teología, sin embargo, muchos de ellos lo hicieron influenciados en alguna medida por un marco de referencia racional fuertemente limitado a la experiencia sensorial y, o condicionado culturalmente, y hasta distorsionado en casos.

¿Qué hacer entonces?

Exploremos el *Origen de Dios, el Universo y el Ser Humano*, el resultado alcanzado con el *marco de referencia primordial*, y frente a ese resultado exploremos al mismo tiempo nuestra reacción primordial, de nuestra identidad primordial que se expresa en los sentimientos primordiales, profundos, íntimos, y no en las versiones culturales [Refs.(A).2, 3; (C).1].

Podemos reconocer nuestros sentimientos íntimos frente a los culturales. Lo sabremos por nosotros mismos, sólo por nosotros mismos, por nadie más; y esto porque sólo nosotros, cada uno, íntimamente, "llegamos" a ellos, no porque nos lo hayan dicho, inducido y hecho parte de nuestra identidad desde niños, sino porque siempre tenemos a nuestra disposición, de todos, en todo instante, la información primordial impresa en nuestro arreglo energético, en nuestra estructura de moléculas ADN. Tenemos la información del proceso ORIGEN del que provenimos y somos resultado, el que sea e independientemente de lo que creamos; información a la que poco se nos ha enseñado a reconocer y mucho menos en relación al arreglo ADN. Ahora podemos, todos y cada uno por sí mismo, comenzar a explorar la información primordial que podemos alcanzar y reconocer por uno mismo dentro de nuestro propio arreglo energético por su estado de vibración o pulsación que reconocemos como sentimientos[Refs.(A).2, 3 y 4], y considerar el *marco de referencia primordial* como parte de una revisión integral íntima conducente a asumir, voluntaria y conscientemente, nuestra función individual en el proceso existencial cons-

ciente de sí mismo del que provenimos y somos partes inseparables; somos unidades o instrumentos de interacción en su estructura de consciencia de sí mismo, en el arreglo de interacciones
por las que se sustenta la Consciencia Universal.

Más importante que el resultado en sí mismo (el *Origen de
Dios, el Universo y el Ser Humano*) es el *marco de referencia primordial*, referencia que nos abre infinitas nuevas posibilidades y
nos permite alcanzar entornos y aspectos del proceso existencial
a los que no llegamos por el marco de referencia basado fundamentalmente en el proceso racional guiado por la experiencia
sensorial material, limitado al dominio material del proceso existencial y excluyendo el dominio primordial[b], e influenciado y, o
condicionado por el ambiente cultural. Una limitación racional-cul-
tural (resultado de la distorsión inicial que aún perdura en nuestra
especie) es no asignar a Dios ninguna materialidad... ¡a pesar de
ser el Creador de todo, para unos, o el proceso Origen de todo,
para otros!; y para los que no creen en Dios, una limitación es no
explorar el universo como una forma de vida consciente de sí misma cuando saben que ningún proceso energético real (en este
caso el proceso UNIVERSO) puede dar lugar a algo más inteligente o consciente (el proceso SER HUMANO) que la referencia
y, o el algoritmo que rige el proceso. En todas nuestras búsque-
das... ¡no prestamos atención (al menos no de esta manera) a
este algoritmo del que también somos partes!

Siguiendo el *marco de referencia primordial* podemos llegar,
todos y cada uno por sí mismo, a las respuestas que buscamos, a
las respuestas a nuestras inquietudes fundamentales, en cualquier y toda área de interés personal.

Aquí, en este libro, de lo que vamos a hablar, o mejor dicho, lo
que vamos a introducir, es el resultado, el *Origen de Dios, el Universo y el Ser Humano*, que obtenemos siguiendo una de las tres
orientaciones del *marco de referencia primordial* por el que se
guían nuestras experiencias de vida y desarrollos racionales en

7

armonía con el proceso existencial.

Presentaremos este *marco de referencia primordial* pronto, luego de revisar algunas reflexiones que nos permitan familiarizarnos previa y específicamente con uno de sus tres componentes, del que nos ocupamos particularmente para llegar al resultado que introducimos en este libro.

Siendo el proceso SER HUMANO parte inseparable del proceso ORIGEN, para desarrollar el entendimiento de éste, del proceso existencial, el *marco de referencia primordial* tiene que guiar no sólo el proceso racional basado en los sentidos materiales, en las observaciones que hacemos de la fenomenología energética y de vida universal, sino también guiar la incorporación de la información que recibimos desde el proceso ORIGEN, como los *pensamientos cósmicos y los sentimientos primordiales* [Ref.(A).4], y atender al estado primordial del ser humano, *estado de sentirse bien,* como veremos más adelante en la sección VIII. El *estado de sentirse bien* del ser humano es parte de su *marco de referencia primordial*; el *estado de sentirse bien* es inseparable de su estructura energética trinitaria *alma-mente-cuerpo,* y ésta es inseparable de la estructura energética que sustenta el proceso existencial[(c)] del que somos partes [Refs.(A).3 y 4]. Hoy podemos explorar al proceso SER HUMANO como una unidad de consciencia de la Consciencia Universal, como un arreglo de control consciente de sí mismo en el que los componentes del arreglo son, a su vez, componentes del *marco de referencia primordial* por el que se rige a sí mismo el proceso ORIGEN[Ref.(A).3].

Aunque luego lo hacemos más formalmente, y siempre al alcance de todos, ocuparnos del Origen de Dios, el universo y el ser humano, y de la relación íntima, inseparable entre ellos, es el propósito del *Modelo Cosmológico Unificado Científico-Teológico* cuyas bases veremos y del que revisaremos algunos de sus aspectos más importantes, particularmente el *Principio Primordial* que rige el proceso existencial consciente de sí mismo, la evolución del proceso existencial, del universo, y las interacciones por las que se sustenta la Consciencia Universal a la que ahora llamamos Dios.

Detalles de muchos aspectos a participar se querrán tener mientras se procede con esta introducción, detalles a los que no podemos cubrir aquí pero pueden revisarse en la información disponible que se cita en el Apéndice. Uno de los aspectos más importantes es entender las diversas dimensiones de la estructura de la Consciencia Universal en la pulsación del manto energético universal[Ref.(A).4], estructura a la que hoy podemos llegar a través de la Mente Universal de la que nuestra mente es un sub-espectro. Esta estructura tiene un arreglo en "capas de cebolla" [Ref.(A).1] con diferentes dimensiones de identidades y consciencias, las que se presentan análogamente en nuestra estructura de identidad cuyos dos componentes fundamentales son las *identidades primordial y cultural temporal*. Nuestra identidad cultural temporal se desarrolla sobre la primordial con la que llegamos a esta manifestación, de la que diremos algo más adelante. Entender nuestra naturaleza binaria es fundamental para nuestro desarrollo racional, además de seguir las orientaciones primordiales para realizarnos plenamente como unidades temporales de la Consciencia Universal donde reside nuestra identidad primordial eterna.

[a]
Las dos fuerzas primordiales del proceso de conscientización en la dimensión del proceso SER HUMANO de la estructura de Consciencia Universal son *amor y temor*. Estas dos fuerzas son las que en la estructura energética universal corresponden a las *fuerzas primordiales de asociación y disociación (gravitación e inducción primordiales)* [Refs.(A).1 y 4].

La distorsión es realmente una cadena de distorsiones a partir de la distorsión de la orientación del *temor primordial* de la que se origina el *temor cultural*, que corrompe el proceso racional y se realimenta en la misma distorsión cuyo resultado es la ignorancia, falta de consciencia, de entendimiento [Refs.(A).2 y 3].

(b)

El *dominio material* es el que se alcanza por los sentidos materiales; el *dominio primordial (o espiritual)* se alcanza a través del sentido de la percepción, por la mente, y se experimenta en el ser humano como *pensamiento cósmico espontáneo* [Ref.(A).4], sentimientos y emociones.

(c)

Alternamos proceso ORIGEN y proceso existencial para estimular la familiarización. Hay un solo proceso existencial absoluto y diversos niveles del mismo dependiendo del dominio energético sobre el que se extiende el nivel. La Unidad Existencial es una estructura en "capas de cebolla". Sobre cada "capa" se define un nivel del proceso existencial. Por ejemplo, el proceso UNIVERSO es un nivel del proceso existencial, del proceso ORIGEN ABSOLUTO, pero es nuestro proceso ORIGEN energéticamente, el que da lugar a nuestra estructura biológica sobre el que se "instala" el componente temporal del proceso SER HUMANO que es eterno[Refs.(A).1, 3 y 4]. El proceso existencial ORIGEN ABSOLUTO tiene un componente absolutamente constante al que hoy podemos llegar a través de nuestro proceso racional puesto que es parte de la Mente Universal. Lo que nos "separa" del proceso existencial es nuestra consciencia limitada, la que vamos expandiendo en nuestro desarrollo por el que nos integramos a la Consciencia Universal si razonamos en armonía con el proceso existencial.

Energéticamente siempre somos partes del proceso existencial, en una u otra dimensión a la que nos lleve la consciencia que hayamos desarrollado, alcanzado.

¡ATENCIÓN!

Cuando se hablan de universo "paralelos" recordemos este concepto de estructura en "capas de cebolla". Cada universo está en una de las "capas de cebolla" de la Unidad Existencial.

NOTA.

Cada sección tiene su propia secuencia de notas de pie de página que se inicia por (a).

El Origen Absoluto

De Todo Lo Que Es, Todo Lo Que Existe, y de Todo lo Que Experimentamos

« La Verdad no puede ser negada »

Dios como Creador para unos y proceso ORIGEN para otros, y los procesos UNIVERSO y SER HUMANO son diferentes dimensiones del único proceso existencial y de las interacciones entre sus dominios energéticos y sus componentes por los que se sustenta su consciencia de sí mismo, la Consciencia Universal. Dios, el Universo y el Ser Humano son componentes inseparables de un proceso eterno, absolutamente inacabable.

Dios como Creador para unos y proceso ORIGEN para otros no son excluyentes entre sí, excepto como el resultado obvio y naturalmente limitado de una unidad de consciencia (el ser humano, individuo del proceso SER HUMANO) que se halla en proceso de su desarrollo.

No puede haber ningún origen de un proceso existencial que es eterno.
La eternidad no tiene principio ni fin.
Lo que hay es un origen mecánico de la recreación del proceso existencial; de la recreación por la que se sustenta la Consciencia Universal eterna, el reconocimiento con entendimiento de sí mis-

mo del proceso existencial eterno.

No obstante, podemos llamar Origen Absoluto a la presencia eterna que da lugar, que establece y sustenta el proceso existencial y sus diferentes dimensiones y componentes, Dios, el universo y el ser humano; Origen Absoluto de todo lo que observamos y experimentamos; Origen Absoluto al que podemos llegar desde ahora, desde la Tierra.

La eternidad de la fuente de todo lo que observamos y experimentamos en nuestro universo ha sido reconocida primordialmente y es la base de los desarrollos racionales en las disciplinas humanas de Ciencia y Teología.

Un reconocimiento primordial es un reconocimiento que tiene lugar sin proceso racional consciente; es también aquél que habiendo sido estimulado por un proceso racional previo resulta ser la base, principio o referencia de todo proceso racional en el aspecto existencial explorado (incluyendo el proceso que le dio lugar, el que estimuló su reconocimiento en nuestra consciencia, en la del individuo que lo obtuvo).

Más aún.

La eternidad, o mejor dicho, la presencia eterna de un volumen de "algo" cuya configuración contiene la energía a la que erróneamente muchos toman como la "materia" prima de TODO LO QUE ES, TODO LO QUE EXISTE, ha sido descripta racionalmente, y viene siendo confirmada plena, exhaustivamente, aunque sin haber reconocido a la expresión matemática como tal. Esta expresión es la base del conocimiento racional humano conformado por todas las relaciones causa y efecto establecidas, descriptas y reproducibles de la fenomenología energética y de vida universal alcanzada por la especie humana presente en la Tierra.

Y todavía algo más.

Esta expresión que describe la eternidad (la presencia eterna) es también la del *Principio Absoluto* por el que se rige a sí mismo el proceso existencial consciente de sí mismo que tiene lugar en, y se sustenta sobre la presencia eterna de "algo", de la fuente absoluta de todo (que introducimos un poco más adelante); proceso cuya consciencia de sí mismo reconocemos limitadamente como Dios[a].

Nuestro universo es una recreación que partió del evento conocido como Big Bang, evento que tuvo lugar sobre un entorno energético particular y disponible de la fuente absoluta a la que hoy podemos llegar a través de la Mente Universal de la que las nuestras, las de la especie humana y sus individuos, son sub-espectros.

Indiscutible, inespeculadamente, tenemos la evidencia racional, confirmada energéticamente, que el proceso UNIVERSO es un componente temporal de la Unidad Existencial cuya eternidad se describe conforme a un principio absoluto ya reconocido y confirmado plena, exhaustivamente.

Todo está disponible para todos, absolutamente para todos, siguiendo el *marco de referencia primordial* por el que debe regirse el desarrollo de nuestra capacidad racional inherente a nuestra estructura energética trinitaria *alma-mente-cuerpo* que sustenta el proceso SER HUMANO a *imagen y se*mejanza de los procesos UNIVERSO y ORIGEN.

A través de nuestro proceso racional podemos llegar a la presencia eterna de la que todo parte, de la que todo se origina.

Podemos llegar al Origen Absoluto de Dios, el universo energético y de vida, y el ser humano.

La Fuente Absoluta, la presencia eterna y su configuración, la FORMA DE VIDA PRIMORDIAL, el *Sistema Termodinámico Primordial* y la estructura de la TRINIDAD PRIMORDIAL a las que llegaremos racionalmente, se confirman plena, exhaustivamente en la fenomenología energética y de vida en nuestro universo.

Mejor aún.

Nuestra experiencia racional es validada, confirmada por la

Consciencia Universal, por Dios, por la consciencia del único proceso existencial del que somos partes inseparables, por medio del efecto en nosotros, en el proceso SER HUMANO, del *Principio Absoluto* que rige el proceso existencial, a Dios, del Principio al que nos introduciremos en este pequeño libro.

Siendo el proceso SER HUMANO Uno con Dios, o con el proceso existencial, compartimos la experiencia absoluta de lo que nos define a ambos, a Dios y al ser humano, en ambas dimensiones de consciencia; **compartimos la experiencia del estado primordial de ambos, experiencia que no depende de ningún desarrollo racional, y mucho menos de ninguna especulación racional relativa, cultural.**

Dicho de otra manera,

el efecto de la Consciencia Universal en el ser humano es el nivel de consciencia primordial que somos dados y con el que llegamos a esta manifestación de vida; es el nivel de consciencia que precede absolutamente a todo proceso racional pues es la estimulación primordial del proceso racional en cualquier y toda área de interés de la estructura de identidad del proceso SER HUMANO. Lo veremos en relación al estado primordial del ser humano, al *estado de sentirse bien* del ser humano, en la sección VIII.

(a)
A menudo nos referimos como Dios al proceso ORIGEN o a su consciencia de sí mismo, la Consciencia Universal. Para los fines de esta participación no tiene importancia, pero si se desea reconocer y entender mejor a Dios y a DIOS, su dimensión absoluta, sugerimos revisar las referencias (A).1 y, o (A).4, Apéndice.

III

Eternidad

Atributo de Realidad Absoluta, Inmutable, del Proceso Existencial Consciente de Sí Mismo

Nada, absolutamente nada de lo que hagamos o experimentemos en la vida, tiene sentido fuera de la eternidad.

Todo lo que hacemos es parte del proceso existencial eterno que se sustenta por una secuencia infinita, absolutamente interminable de sub-procesos temporales; secuencia de la que podemos hacernos conscientes tan pronto como decidiendo hacerlo comencemos a actuar para incorporarnos, y valga la redundancia[a], conscientemente a ella. En la Tierra somos los componentes temporales del proceso eterno, y nuestra identidad individual primordial eterna dentro del proceso eterno que da lugar a esos componentes temporales, los nuestros, reside fuera del arreglo energético trinitario *alma-mente-cuerpo* que nos sustenta como proceso SER HUMANO; reside en la estructura de Consciencia Universal.

Expresado de otra manera más simple para todos,
no encontraremos respuestas a nuestras inquietudes fundamentales de la especie humana, no alcanzaremos a entender el proceso ORIGEN, el proceso existencial consciente de sí mismo, Dios, o el proceso UNIVERSO, como le reconozcamos o deseemos llamarle, ni nuestra relación íntima, inseparable con él, a menos que seamos conscientes de la eternidad.

Sin ser conscientes, sin reconocerlo de este modo y menos entender, podemos, sin embargo, estar en armonía con el proceso existencial que se experimenta como *sentirse bien en cualquier y toda circunstancia de vida*; pero sólo entenderemos al proceso existencial consciente de sí mismo, a Dios, cuando comencemos a guiar el proceso racional, nuestro proceso racional, de manera de desarrollar nuestra consciencia, o entendimiento, por la eternidad.

Eternidad, siendo la característica o atributo de realidad absoluta del proceso existencial consciente de sí mismo, es la orientación fundamental para el desarrollo del proceso racional, para el proceso de establecimiento de relaciones causa y efecto de nuestras observaciones y experiencias por el que adquirimos o desarrollamos consciencia, el entendimiento del proceso existencial y de nosotros mismos en relación a él.

Eternidad es la orientación primordial del proceso racional por el que se establecen las relaciones causa y efecto reales de sus manifestaciones temporales, sí, de sus manifestaciones temporales; relaciones que son parte de la disciplina humana que llamamos matemáticas cuando son llevadas a un espacio de referencia de nuestra creación y expresadas en un lenguaje particular en ese espacio de referencia, un lenguaje que es también de nuestra creación.

Al alcance de todos,

tenemos la expresión racional, matemática, que en nuestro espacio de referencia y en nuestro lenguaje energético, científico, de nuestra creación, describe la presencia eterna como la secuencia indefinida de sub-procesos temporales; descripción que es la base de nuestro desarrollo de relaciones causa y efecto de toda la vasta fenomenología del proceso energético universal que observamos y experimentamos en la Tierra, y desde ella.

Nada de estas creaciones racionales sería posible si no estuviéramos siguiendo, aunque sin reconocerlo aún, al mismo proceso en el que estamos inmersos. Sólo nos "separa" de él, del proceso existencial, nuestra falta de consciencia, falta de reconocimiento con entendimiento. Nuestra estructura energética trinitaria *alma-mente-cuerpo* sólo sustenta un proceso local temporal de la Consciencia Universal de la que somos un sub-espectro; de la Consciencia Universal a la que ahora, cuando lo deseemos, podemos "ingresar", es decir, hacernos partes conscientes. Nuestro Yo eterno está en la estructura que sustenta la Consciencia Universal a la que finalmente podemos explorar desde nuestra propia manifestación local temporal, y ésta no es sino una manifestación "remota" en un entorno energético adecuado (que es la Tierra en nuestro nivel presente de desarrollo de consciencia); somos instrumentos del proceso al que experimentamos en todo instante, continua, incesantemente, pues somos partes de él.

No importa qué tan bueno o malo sea lo que hagamos, conformes a nuestra concepción relativa condicionada culturalmente de bien y mal, todo lo que hacemos en la vida, individual y colectivamente, es primero inducido o forzado, y luego guiado, sugerido, estimulado e inspirado en la eternidad del proceso existencial del que somos un sub-espectro eterno en una "asignación" temporal, en una manifestación temporal con un propósito absolutamente común para todos, inevitable, inescapable, pero al que llegamos por un camino individual, particular, que cada uno debe construir por sí mismo, y sólo por sí mismo, para experimentarse a sí mismo conforme quién desea ser, o Quién Es en el proceso existencial eterno.

No se puede construir este camino hacia el propósito "diseñado" naturalmente por el proceso existencial que es como es, si no reconocemos el proceso existencial e interactuamos íntima, conscientemente con él; proceso del que somos partes inseparables y con el que siempre, aunque inconscientemente, interactuamos incesante, continuamente, para ser Quienes somos o quienes deseamos ser.

Lo malo que sufrimos se debe a nuestros desarrollos de identidades culturales temporales, y muy particularmente a nuestra actitud mental, a la predisposición adquirida culturalmente frente a los eventos naturales, y frente a las acciones de otros seres humanos cuyas acciones malas o equivocadas, como las nuestras también, en diversos grados, se deben sólo a nuestra ignorancia o la falta de consciencia del proceso existencial, y al desconocimiento de la real vinculación que tenemos con él y del único propósito natural, absolutamente común para todos, NO DISEÑADO, no creado de ninguna manera preconcebida sino inherente al proceso existencial consciente de sí mismo. No puede haber ninguna preconcepción de ningún propósito en un proceso eterno, sino en sus recreaciones de sí mismo por las que sustenta las creaciones, ahora sí creaciones, ilimitada, indefinida, eternamente, de experiencias frente a las consciencias de sí mismo y de placer. Nuestra experiencia como unidades o sub-procesos locales temporales del proceso existencial tiene como propósito, por una parte, desarrollar nuestra consciencia del proceso existencial y de la relación por la que logramos llegar al nivel de creador consciente eterno de las experiencias de vida que deseamos, y por otra parte, integrarnos conscientemente a él.

No ha habido nunca una creación del proceso existencial ni del proceso UNIVERSO, sino recreaciones a cuyos mecanismo y leyes hoy podemos alcanzar y "entrar", hacernos conscientes.

" Nada puede ser creado de la nada".

Sólo creamos experiencias de vida, y éstas causarán placer o dolor, individual y colectivamente, dependiendo de la armonía entre nuestras orientaciones para la creación de nuestras experiencias, y aquéllas por las que se rige el proceso existencial a sí mismo. Por lo tanto, es de nuestro mayor interés y beneficio desarrollarnos en armonía con el proceso existencial del que provenimos; y luego, si deseamos entender por qué todo es como es, podemos entender si vamos a la fuente, al proceso ORIGEN de todo, de Dios, el universo y el ser humano.

Podemos llegar a la fuente; todos.

Todo está dispuesto para hacernos unidades conscientes de la fuente de la que siempre somos partes inseparables.

No hay límites para nuestra capacidad racional cuando ésta se guía por uno cualquiera de los tres atributos primordiales por los que se define el proceso existencial consciente de sí mismo,

Eternidad (Verdad), Amor, Regocijo Refs.(A).2 y 3, (C).1.

pues éste es el *marco de referencia primordial*, absoluto. Es el único por el que llegamos a la Fuente; es el único que no depende de las referencias de nuestra creación en nuestro dominio relativo ni de ningún condicionamiento cultural.

Aquí, en este libro en particular, se ha escogido mostrar el camino de la Verdad, *eternidad*, para llegar a la Fuente Absoluta de Dios, el universo y el ser humano. En las referencias antes indicadas tenemos amplia información sobre los caminos del *Amor* y el *Regocijo* (a través del desarrollo de tópicos de interés y beneficio para todos) guiados por esos atributos para vivir en armonía con el proceso existencial, y para interactuar íntima, conscientemente con él.

(a)

La repetición de *consciencia* se debe a que ella tiene lugar en diferentes niveles de interacciones sobre una estructura energética multidimensional en "capas de cebolla" a la que oportunamente vamos a referirnos. También se desea enfatizar en *consciencia* como reconocimiento con entendimiento, y como CONOCIMIENTO primordial, no cultural, no como sólo tener la información. Siempre encontraremos dificultades para expresar diferentes versiones culturales de conceptos primordiales, los que a su vez tienen versiones de sí mismos en las diferentes "capas de cebolla" de la estructura de identidad del proceso SER HUMANO, de la "capa" que interactuando con la TRINIDAD PRIMORDIAL (a la que también vamos a referirnos luego) resulta en la consciencia de sí misma de la interacción. Tenemos el caso de *saber* y *conocer*. *Saber* es más

—

orientado por proceso racional; *conocer* es por participación corporal con el objeto conocido, por participación con los sentidos. *"Sé cómo se hace"* porque se me ha dicho o lo he racionalizado; *"conozco cómo se hace"* porque lo he hecho o lo he visto; *"sé del polo"* porque he leído acerca de él; *"conozco del polo"* porque he estado allí. *Conocer* no requiere de proceso racional en nuestro nivel de consciencia, excepto por el proceso racional para llegar al objeto a conocer. *Saber* requiere del uso del proceso racional.

La consciencia de un proceso de interacciones es el resultado de las comparaciones de constelaciones de información y experiencias en diferentes complejidades ("masa de información"), a diferentes rapideces (o *constantes de tiempo*) en diferentes dimensiones energéticas de diferentes *dimensiones de tiempo*. No estamos acostumbrados pero tenemos diferentes dimensiones de infinidad de tiempo y de infinidad espacial, lo que se ve, para la ciencia, al revisar la naturaleza energética de la constante matemática $\underline{e}$, en *La Teoría de Todo, ref. A.8.*

IV

Marco de Referencia Primordial

Filosófico-Energético-Teológico

« *Verdad (Eternidad), Amor, Regocijo* »

Quizás surja de inmediato en nuestra mente la pregunta,

¿Qué tiene que ver este marco de referencia primordial con nuestras referencias energéticas en relación al Origen de Dios, el Universo y el Ser Humano?

Lo veremos.

Pero antes, repasemos rápidamente nuestras definiciones de un sistema de referencia,

- *Un conjunto de criterios o valores con respecto a los cuales se puedan efectuar mediciones o juicios;*
- *Un sistema de ejes en relación a los cuales se puedan efectuar mediciones de tamaño, posición y movimientos;*

y mencionemos también que tenemos *sistemas de referencia inerciales*, que describen tiempo y espacio homogéneamente (con las mismas propiedades en cada punto) e isotrópicamente (uniformemente en toda dirección espacial);

y *sistemas de referencia no-inerciales*, que tienen aceleración con respecto a un sistema inercial.

La primera definición es obvia para todos, fundamentalmente en el conjunto de valores morales por los que se rigen nuestros comportamientos individuales y colectivos, muy relativos y dependientes de las diferentes culturas, y el conjunto de leyes por los que se gobiernan las asociaciones humanas.

En relación al proceso existencial, o al universo, resulta simple una vez que se reconoce energéticamente la Unidad Existencial y su configuración espacio-tiempo, visualizar que no hay absolutamente nada constante en ella, ni siquiera la velocidad de la luz, excepto una componente de la Consciencia Universal, de la consciencia de sí misma de la Unidad Existencial o del proceso que en ella se establece y sustenta, y una sola relación de las dos variables relativas fundamentales [inherentes a la naturaleza binaria[a] de la Unidad Existencial] desde las que se generan todas las versiones que reconocemos en nuestro universo.

¿Cómo podríamos fijar una referencia, algo que tiene que ser eso, precisamente constante, en un proceso energético en que nada es constante excepto una relación?

Vamos a ocuparnos de esto al revisar luego las bases del *Modelo Cosmológico Consolidado*.

Ahora vamos a mencionar algo acerca de qué tienen que ver nuestros sistemas de referencias inerciales o no inerciales de un proceso energético, el proceso UNIVERSO en nuestro caso, y el *sistema de referencia primordial* que pareciera limitado a la disciplina racional de teología.

Todo el proceso existencial, todo, el proceso de redistribuciones energéticas y de interacciones entre dominios energéticos y constelaciones de información y experiencias es para sustentar la Consciencia Universal.

Luego, todo lo que energéticamente ocurra en la Unidad Existencial tiene que ver con, y concierne directamente a su estructura de Consciencia Universal.

Lo antes dicho es obvio, pues la Consciencia Universal es inherente al proceso eterno.

La Consciencia Universal, aunque es eterna, es el resultado natural del proceso eterno que se establece y sustenta en la Unidad Existencial. Dicho de otra manera, si queremos explorar una secuencia en la recreación de las unidades de consciencia de la estructura de Consciencia Universal, el desarrollo de consciencia de esas unidades es resultado de un proceso racional, de un proceso de establecimiento de relaciones causa y efecto, a partir de un estado de consciencia primordial, inmutable. Así, si mecánicamente hubiera habido un Origen Absoluto del que partiera la eternidad (cosa que no puede ocurrir, ya lo dijimos), la consciencia, Dios mismo, vendría después de un proceso de redistribuciones y comparaciones, después de un proceso de conscientización, o de reconocimiento y entendimiento.

Antes de continuar, necesitamos poner en claro lo antes dicho.

Si no puede haber un origen mecánico de lo que es eterno, ¿por qué hablamos de que Dios viene "después" de un proceso de redistribuciones energéticas y comparaciones de estructuras de información si eso tampoco puede ser?

Es correcto, pero hay algo que sí puede ser, que tiene lugar, y es el proceso de las recreaciones temporales del proceso eterno, de las recreaciones de las unidades de consciencia, los seres humanos... de las unidades de Dios cuyas conscientizaciones de sí mismas son resultados de procesos temporales reales a partir de un nivel inicial, de la *consciencia primordial del estado de sentirse bien* que veremos luego.

Toda unidad existencial eterna se compone de una serie, de una secuencia absolutamente abierta, infinita, inacabable, de componentes temporales. Esto ha sido descripto, insistimos a menudo, tal vez cansinamente, y <u>es confirmado continuamente en nuestras relaciones causa y efecto que se derivan de la expresión racional, matemática que describe la eternidad</u>. Regresaremos a esta descripción luego, al presentar las bases del *Modelo Cosmológico Unificado Científico-Teológico*.

Regresando a la estructura de Consciencia Universal, *Eternidad, Amor y Regocijo* son los tres atributos fundamentales de la Unidad Existencial una vez que ésta, o lo que es lo mismo, el proceso existencial que dentro de ella se establece y sustenta, sea consciente de sí mismo. Pero esos tres componentes del proceso existencial consciente de sí mismo, desde el punto de vista energético, son los siguientes,

- *Eternidad* de la Unidad Existencial,

es su propiedad de constancia absoluta del colosal, fantásticamente inmenso pero finito absolutamente, volumen de sustancia primordial de la que todo se genera y se recrea (sustancia de la que nos ocuparemos en la próxima sección);

- *Amor*,

es la fuerza que une todo; es la fuerza de asociación primordial que genera el *campo gravitacional primordial* del que los campos de *gravitación universal y cuántico* son versiones en nuestro dominio;

es la fuerza que rige primero, y que orienta luego; que estimula, inspira las interacciones que sustentan la Consciencia Universal a través de la pulsación universal que reconocemos como *sentimiento* de amor por decodificación en nuestra estructura resonante ADN[Ref.(A).3];

es la fuerza primordial, absoluta, a cuyo origen hoy podemos llegar, que mantiene la Unidad Existencial; fuerza que se genera, por un mecanismo a nuestro alcance, a partir del atributo de eternidad, a partir del cierre absoluto de la Unidad Existencial, a partir de la reacción entre la sustancia primordial y la nada o el vacío absoluto fuera de ella[Ref.(A).1];

es la fuerza que obliga primero, a un nivel de consciencia (mejor dicho de *inteligencia de interacción*), y estimula luego, a otro nivel de consciencia, las asociaciones de las moléculas de vida, de las moléculas ADN, de las células que conforman funciones en las estructuras de vida; y finalmente estimula las interacciones para el desarrollo de consciencia a partir de un nivel de inteligencia (que es parte de la estructura de Consciencia Universal) que poseen todas las manifestaciones de vida;

---

amor es la fuerza que induce la asociación de las especies tal como a nivel de partículas induce sus asociaciones; esta inducción tiene lugar en diferentes dimensiones de interacción del manto energético universal, de la red espacio-tiempo en la que estamos inmersos;

nuestro *amor cultural* es sólo una versión del *amor primordial*;

- Regocijo,

es la consecuencia de las interacciones entre los componentes temporales de la Unidad Existencial;

regocijo es la expresión de la consciencia de sí mismo del proceso existencial, de sus capacidades inherentes: de la capacidad racional, de la capacidad de establecimiento de relaciones causa y efecto, y de la capacidad de crear experiencias de vida y de moverse dentro de la estructura de Consciencia Universal;

regocijo es la consecuencia, el resultado de la interacción entre las componentes de la configuración natural de la Unidad Existencial en infinitas componentes temporales;

regocijo es el estado natural del proceso existencial consciente de sí mismo, estado que a nuestro nivel reconocemos y definimos como *estado de sentirse bien*, estado primordial del ser humano.

La redistribución de los componentes temporales de la Unidad Existencial conforman tres sub-dominios energéticos de asociaciones de la sustancia primordial de la que todo se genera y se recrea: dos sub-dominios primordiales, y sus interacciones que resultan en el sub-dominio material, el nuestro, en el que estamos ahora. Esos tres sub-dominios conforman la TRINIDAD PRIMORDIAL de la Unidad Existencial.

Notaremos que la descripción previa de la Unidad Existencial por medio de sus atributos, que son a su vez el *marco de referencia primordial, Eternidad, Amor y Regocijo,* no será cambiada en ningún momento de esta presentación ni en todo el material al que se hace continua referencia, sino que vamos redescribiendo en otros términos un poco más formales en ciencia, o expandiendo la descripción original, lo que es esperable pues estamos ofreciendo una consolidación de la información existencial a partir de la *estructura absoluta* que toma *la presencia eterna* sobre la que se sustenta el *proceso existencial consciente de sí mismo.*

El *marco de referencia primordial* es la Unidad Existencial reconocida por sus atributos, la que luego se describe por sus componentes temporales por cuyas interacciones se hace realidad a sí misma, consciente de sí misma.

Para hacerse realidad a sí misma a través de las interacciones de sus componentes temporales, estos deben interactuar conforme a un *Principio Primordial*; este principio es inherente a la estructura de componentes temporales.

Así, el *Principio Primordial* es parte del *marco de referencia primordial*, es parte de lo que conduce o resulta en, y define al atributo de consciencia de *Regocijo*. Lo veremos particularmente, luego. La coherencia y consistencia de la consolidación de la información en todos los niveles del proceso existencial debe mantenerse impecable, indiscutible, para llegar a la consciencia del proceso existencial y nuestra relación con él.

El *marco de referencia primordial* como tal debe servir, por una parte, como referencia para las redistribuciones energéticas dentro de la Unidad Existencial y del universo, pues éste es parte de ella; y por otra parte, como referencia para las interacciones que definen y sustentan la Consciencia Universal. No pueden haber dos marcos de referencias diferentes para una única Unidad Existencial consciente de sí misma, o tal vez sea mejor dicho, para la única FUNCIÓN EXISTENCIAL CONSCIENTE DE SÍ MISMA que se sustenta o entretiene dentro de la Unidad Existencial[Refs.(A).1 y 4].

Solamente como ejemplo de una mejor formulación o expansión de la descripción a la que nos referimos antes veamos a continuación.

La referencia existencial absolutamente constante es la

Unidad Existencial, uno de cuyos atributos es eternidad.

Luego, eternidad es sinónimo de la Unidad Constante Absoluta, algo que ya hemos reconocido en el *Principio de Conservación de Energía*, y lo que contiene a la energía tiene que ser absolutamente cerrado: *nada se crea, nada entra, nada sale de la Unidad Constante Absoluta, de la Unidad Existencial.*

Reconocemos primordial, trascendentalmente que esta Unidad Existencial se descompone, o se compone, o se hace realidad, como prefiramos considerarlo, por una sucesión de infinitas recreaciones de un proceso patrón; por una sucesión abierta, interminable absolutamente, de un proceso patrón.

Luego de reconocerla, a esta sucesión la hemos descripto matemáticamente, y la usamos profusamente en ciencias, por lo tanto se confirma permanentemente en la fenomenología energética universal; es la sucesión que define a la Unidad Existencial, y por lo tanto, define a uno de tres componentes de la *referencia primordial*, eternidad.

La *referencia primordial* se manifiesta análogamente en todo proceso temporal pues eternidad, siendo atributo de cierre de la Unidad Existencial, determina la relación entre todos los elementos del proceso que tienen lugar dentro de ella; relación que se mantiene en todos los sub-procesos temporales que son también cerrados sobre un período de tiempo. Esto quiere decir que las relaciones que sustenta un proceso cerrado sólo tienen validez en ese proceso mientras permanece cerrado, lo que depende de que se conserve una relación que define el cierre del proceso. Todo esto es confirmado permanente, continuamente, en todos los sub-procesos temporales... Sin embargo, no lo hemos extendido al proceso UNIVERSO. ¿Por qué no se pudo extender el reconocimiento de los componentes temporales que conduce a la aparente irreconciliación entre el *Principio de Conservación de la Energía*, que es un reconocimiento de la eternidad, y la *Segunda Ley de la Termodinámica*? Se hace evidente al revisar las bases del *Modelo Cosmológico Unificado Científico-Teológico;* nuestro universo no es la unidad energética absolutamente cerrada.

Una vez que entramos a la configuración de la TRINIDAD PRIMORDIAL de la Unidad Existencial, que se reconoce transcendentalmente, se describe matemáticamente en un espacio de referencia de nuestra creación, y se confirma en la fenomenología energética universal, podemos seguir todas las componentes del proceso UNIVERSO en el que nos encontramos.

¿Deseamos expandir más la descripción original de la Unidad Existencial como unidad eterna?

La naturaleza binaria de la sustancia primordial da lugar a una Unidad Existencial binaria (de dos dominios y uno de convergencia de sus redistribuciones que resulta ser el dominio material).

La eternidad se compone de dos series opuestas[Ref.(A).1] infinitamente abiertas, inacabables, de infinitas componentes senoidales de diferentes amplitudes y frecuencias que representan densidades de estructuras energéticas que rotan y orbitan.

La interacción entre los dos dominios binarios absolutos de la Unidad Existencial define una relación absolutamente continua a la que no hemos reconocido como tal a pesar de ser la base de la función absoluta por la que se rige el proceso existencial.

Esta base es la *constante matemática e*, la base de los logaritmos naturales cuya naturaleza energética ya tenemos a nuestro alcance de todos [Ref.(A).1, Sección XXVI, pág 165] y una versión más detallada para la ciencia en el libro *La Teoría de Todo* [Ref.(A).8] de pronta publicación.

[a]
Una unidad o entidad binaria es aquélla que se define por dos componentes inseparables que interactuando entre sí establecen y definen la unidad o entidad. Por ejemplo, el átomo es una célula energética binaria pues se define por un núcleo y sus electrones, inseparablemente.

V

Origen Absoluto

Presencia eterna de un océano de sustancia primordial de la que todo se genera y recrea

El reconocimiento de la sustancia primordial de la que todo se genera y recrea es por proceso racional iterativo trascendental, es decir, pasando a otra dimensión de realidad existencial[(a)], a otra dimensión de consciencia del proceso existencial en el que estamos inmersos y del que somos unidades inseparables.

NOTA.
Recordemos que estamos presentando un resumen de los aspectos más importantes de las bases del *Modelo Cosmológico Unificado Científico-Teológico* y las referencias por las que se sustentan las bases.

Deseamos reconocer y entender plenamente el Origen Absoluto y el proceso existencial a que ese Origen da lugar y entretiene eternamente.

Hay tres aspectos energéticos fundamentales cuyos reconocimientos hay que alcanzar para poder "cruzar" mentalmente el proceso existencial desde donde ahora nos encontramos, la Tierra, y hacia el instante previo al Big Bang, hace unos... ¡catorce mil millones de años terrestres!, cuando comenzó nuestro proceso UNIVERSO en el que nos encontramos hoy (según las estimaciones prevalentes de la comunidad científica en una referencia de tiempo que varía con la evolución del universo).

Esos aspectos (que volveremos a ver más adelante, en las bases del *Modelo Cosmológico Unificado Científico-Teológico*) son los siguientes,

- Presencia del espacio primordial que ya existía antes del "disparo" del Big Bang; espacio sobre el que se encontraba y en el que se expandió el "paquete" de energía disponible por el que se inició nuestro universo; espacio sobre el que todavía continúa la expansión de nuestro universo.

  Nuestro universo no es la Unidad Absoluta.

  Ningún proceso eterno se puede sustentar sobre una configuración como la que presenta nuestro universo.

  Nuestro universo no puede ser la Unidad Absoluta cerrada eternamente.

  La irreconciliación entre el *Principio de Conservación de la Energía* y la *Segunda Ley de la Termodinámica* se debe a considerar al universo como Unidad Absoluta.

  La *Segunda Ley de la Termodinámica* nos dice, precisamente, que el universo no es la Unidad Absoluta, que no es la Unidad cerrada eternamente.

  La Unidad Existencial, <u>la estructura energética que sustenta el proceso existencial eternamente consciente de sí mismo,</u> ya estaba presente, obviamente, antes del Big Bang.

  La inteligencia del proceso existencial transferida al proceso UNIVERSO ya estaba presente antes del Big Bang.

  Ciencia ha desarrollado las herramientas racionales y la confirmación energética acerca de que ningún proceso energético en ninguna dimensión existencial puede dar lugar a un resultado que sea más inteligente que la referencia o el algoritmo que rige el proceso; que nada puede crearse desde ni sobre la nada, y que nada puede expandirse a la nada. Existencia y no-existencia absoluta

son mutuamente excluyentes. **Los seres humanos experimentamos una realidad aparente desde la que evolucionamos hacia la Realidad Absoluta;**

- Sustancia primordial de la que todo se genera y se recrea; sustancia que conforma el *fluído primordial*[b] que llena la Unidad Existencial; fluído en el que Todo Lo Que Es, Todo Lo Que Existe, se halla inmerso; fluído sobre el que se define y extiende el espacio absoluto en el que se inició y se desarrolla el proceso UNIVERSO, una modulación del espacio absoluto.

  La presencia de la sustancia primordial y su distribución espacio-tiempo que genera los campos de fuerzas universales se reconoce implícitamente un nuestro universo por la modelación matemática de los *campos de fuerzas* del manto energético espacio-tiempo;

- Comportamiento en los entornos límites del volumen ocupado por el *fluído primordial*, particularmente frente a la nada, a la no existencia, al vacío absoluto fuera de la periferia de la Unidad Existencial.

  El comportamiento del *fluído primordial* en la periferia de la Unidad Existencial es el que genera la pulsación primordial por la que se excitan y sustentan las redistribuciones e interacciones que definen el proceso existencial y la FUNCIÓN EXISTENCIAL CONSCIENTE DE SÍ MISMA[Ref.(A).1].

  ¡ATENCIÓN!
  La pulsación primordial es la que induce la distribución que constituye el *campo de fuerza gravitacional absoluto*, el mismo que se reconoce como *campo de fuerza de amor* en la estructura de interacciones que sustenta la Consciencia Universal.

Energía no es la "materia" prima absoluta.

La presencia eterna es expresada racionalmente en el *Principio de Exclusión Mutua entre la Existencia y la No-Existencia,*
   "Nada puede ser creado de la nada",
y de otra manera en el *Principio de Conservación de la Energía,*
   "La energía no se crea ni se pierde; sólo se transforma",
sin embargo, la fuente absoluta no es energía sino la sustancia primordial que tiene la propiedad, la capacidad de intercambiar su movimiento inherente. Esa propiedad o capacidad es la *energía*, a la que se cuantifica también con una variable a la que llamamos *energía.*

A las propiedades de la sustancia primordial podemos llegar; y también a su configuración, a la única configuración que su presencia puede tomar frente a la nada absoluta fuera de ella.

El proceso por el que se sustenta la configuración eterna de la Unidad Existencial a partir de un colosal volumen de sustancia primordial ha sido descripto a partir de los efectos de la interacción de la sustancia primordial en sus dos entornos o hipersuperficies límites [Ref.(A).1].

Más aún.

Podemos llegar a la reacción de la sustancia primordial en el entorno límite de su presencia frente a la nada fuera de ella, a la reacción por la que se genera y sustenta la *pulsación primordial* que excita y sustenta el proceso existencial que tiene lugar en el océano infinito (por inmensurable, pues es absolutamente finito), en el manto energético primordial, o manto de *fluído primordial,* establecido y definido por la presencia de sustancia primordial. Esta reacción es modelada como consecuencia de la naturaleza de las *cargas primordiales* del manto de *fluído primordial,* cargas de las que las cargas eléctricas son sus versiones en nuestro dominio del proceso existencial [Ref.(A).4, Capacitor Binario].

Naturaleza binaria de la sustancia primordial.

Unidad de carga primordial.

La sustancia primordial es compuesta de elementos absolutos que tienen un volumen absoluto fijo, inmutable, infinitesimal casi nulo, y una cantidad de rotación inherente a ese volumen; es decir, volumen y cantidad de rotación son los dos componentes de la unidad binaria a la que resulta mejor llamar unidad de *carga primordial*.

La carga, la cantidad de rotación del volumen absoluto de la unidad de *carga primordial*, varía entre dos límites en cada período de redistribución de la pulsación primordial de todo el volumen del manto de *fluído primordial* de la Unidad Existencial.

Las redistribuciones de la pulsación primordial dan origen a las dos componentes de la *Función Exponencial Primordial* que rige el proceso existencial todo, y las interacciones de esas dos componentes dan origen a la descomposición en las infinitas componentes temporales sinusoidales en el entorno de interacción, en el dominio material en el que nos encontramos [Refs.(A).1 y 4].

Las asociaciones de las unidades de cargas primordiales dan lugar a las partículas primordiales, y las de éstas dan lugar a las partículas en nuestro dominio: electrones, núcleos, átomos y sus asociaciones hasta las constelaciones y galaxias.

Las cargas varían entre dos límites opuestos con respecto a un valor medio.

Las cargas sobre un dominio de valores con respecto al valor medio definen las asociaciones de materia visible; las cargas sobre el otro dominio de valores definen las asociaciones materiales sobre el dominio no visible (materia "oscura") [Ref.(A).1].

¿Cómo se originó el proceso existencial?

Nunca se originó. Es eterno.

Sin embargo, el proceso eterno es una secuencia abierta, o indefinida, inacabable absolutamente, de infinitos sub-procesos temporales, que ya se ha descripto matemáticamente y confirmada la validez de la descripción, lo que pone a nuestro alcance los mecanismos que siguen las re-energizaciones de las estructuras de información cuyas interacciones sustentan la Consciencia Universal, y los mecanismos para las transferencias de la información de vida y las estimulaciones de las recreaciones de las unidades de interacción, de las unidades de inteligencia en desarrollo de consciencia.

(a)
¿Qué es pasar a otra dimensión de realidad existencial?

Es pasar a otro dominio del proceso existencial, más allá del material; es pasar a otro dominio de consciencia por la percepción y reconocimiento de información existencial que se alcanza por la mente y no por los sentidos materiales (vista, oído, olfato, gusto y tacto).

El dominio material es el que se alcanza por los sentidos materiales; el dominio primordial (o espiritual) se alcanza a través del sentido de la percepción, por la mente, y se experimenta en el ser humano como *pensamiento cósmico espontáneo* [Ref.(A).4], sentimientos y emociones.

(b)
Fluído es una sustancia que no tiene forma propia y que fluye fácil, continuamente, frente a la aplicación de presión. El aire y agua son fluídos. Cualquiera de nuestros océanos es un manto de fluído, de agua, que toma la forma de la superficie terrestre y fluye (caso de las corrientes marinas) por la diferencia de presión creada por las aguas frías y calientes (entre polos y ecuador) o por diferencia en la salinidad.

VI

Unidad Existencial

Todo Lo Que Existe, Todo Lo Que Es

Evidencia Racional
Confirmada Científicamente
Experimentada en el proceso SER HUMANO

La configuración global de la Unidad Existencial es una hiperesfera, o esfera energética binaria, es decir definida por dos dominios de asociaciones de sustancia primordial que en su interior se distribuyen como dos esferas concéntricas, una dentro de otra, en la que la superficie esférica que separa ambos volúmenes es lo que en ciencia se conoce como hipersuperficie de convergencia de las redistribuciones que provienen de la periferia de la Unidad Existencial ($Z_{LíM}$) y de su núcleo o centro Zn. A la hipersuperficie de convergencia la llamamos $Z\Phi$.

Considerada así, la configuración es la de la Figura I en la sección ILUSTRACIONES, página 52, al final de la sección VIII.

NOTA.

Cuando estemos en la revisión de las bases del *Modelo Cosmológico Unificado Científico-Teológico* iremos haciendo referencia a estas Figuras.

La distribución de asociaciones de sustancia primordial dentro de la Unidad Existencial tiene lugar en "capas de cebolla", en capas definidas por los picos de redistribuciones senoidales que se propagan muy lentamente por el manto energético primordial que llena la Unidad Existencial, el Universo Absoluto.

Para llegar a esta distribución aplicamos lo que llamamos Geometría Binaria[Ref.(A).1], geometría de distribución energética teniendo en cuenta la naturaleza binaria del fluído primordial.

Una vista simplificada es la de la Figura II.

Nuestro universo es el pequeño óvalo a la derecha de la Figura.

Si queremos tener una idea más real de la distribución espacial del fluído primordial y la TRINIDAD PRIMORDIAL sobre la que se define el *Sistema Termodinámico Primordial*, por una parte, y sobre la que tienen lugar las interacciones y comparaciones que sustentan la Consciencia Primordial, debemos ir a las referencias (A).1 y (A).4 frecuentemente indicadas.

La Figura III contiene un resumen de las distribuciones de asociaciones de sustancia primordial que servirán de orientación para la revisión de las bases del *Modelo Cosmológico Unificado Científico-Teológico* por parte de quienes tienen inquietudes científicas. Recordemos que no es el objetivo de esta presentación hacer ninguna revisión detallada de las bases. Una revisión detallada de los aspectos más significativos desde los que se derivan todos los demás es parte del libro en preparación *La Teoría de Todo, Modelo Cosmológico Unificado Científico-Teológico,* que se espera publicar en Marzo de 2016.

A la configuración de la Unidad Existencial, al Universo Absoluto, y al proceso existencial consciente de sí mismo que ella sustenta, todo a partir de la presencia eterna de la sustancia primordial de la que todo se genera y recrea, se arribó luego de una gran aventura racional de interacción íntima con el proceso universal en el que estamos inmersos y del que todos los seres humanos somos unidades de interacción inseparables[Refs.(A).5, 6 y 7] en proceso de desarrollo de consciencia, o mejor dicho, en proceso de desarrollo racional por el que se nos abren las *"Puertas del Cielo"*, el acceso a la estructura de Consciencia Universal.

Por medio de esa interacción íntima pudieron romperse las barreras del tiempo y espacio[Ref.(A).1] para llegar al entorno, a un "vecindario" de la Unidad Existencial donde se encontraba el "paquete" de energía disponible desde el que se inició el universo, nuestro universo, luego del "disparo" del Big Bang, del evento de expansión de ese "paquete" sobre el colosal manto u océano de *fluído primordial* contenido por la Unidad Existencial.

El camino racional para romper, para superar las barreras de tiempo y espacio para llegar no sólo al instante previo al "disparo" del Big Bang, sino al proceso eterno que originó el "paquete" de energía disponible para ese evento, se muestra en las diversas referencias al alcance de todos a las que ya venimos haciendo mención cuando corresponde. Luego de justificar inespeculablemente (en la sección VIII) por qué es del interés y beneficio de todos y al alcance de todos (a través de la relación entre el estado primordial del proceso existencial y el *estado de sentirse bien* en el ser humano) lo que fundamentalmente vamos a hacer en esta presentación es participar las bases del *Modelo Cosmológico Unificado Científico-Teológico* con especial énfasis en sólo dos o tres aspectos de la configuración energética de la Unidad Existencial y del proceso que se estimula y sustenta dentro de ella, proceso del que somos una réplica a *imagen y semejanza* en otra escala de complejidad energética y de interacciones.

Además de contener u orientar las respuestas a todas las inquietudes fundamentales de la especie humana en la Tierra, del *Modelo Cosmológico Unificado* nos interesa, como ya lo mencionamos, el *Principio Absoluto* que rige al proceso existencial consciente de sí mismo, a Dios, y por el que debemos regir nuestros desarrollos para alcanzar la armonía con el proceso ORIGEN, con Dios, y beneficiarnos de ello, como resumiremos posteriormente.

La *evidencia racional* a la que hacemos mención acerca del origen de Dios, el universo y el ser humano, es un proceso racional de establecimiento de relaciones causa y efectos indiscutibles, inespeculables, *confirmados científicamente* en la fenomenología e-nergética universal, en el que cada paso de él, del proceso racional, es dado sin dejar nada que no se haya confirmado exhaustivamente.

Un ejemplo clásico de una *evidencia racional*, de un proceso racional a partir de un reconocimiento trascendental confirmado por la experiencia, son las relaciones actuales de causa y efecto que se basan en el *Principio de Conservación de Energía*, principio que siendo inherente a una Unidad Existencial absolutamente cerrada espacialmente por ser eterna (aunque es "abierto" o repetitivo eternamente el proceso de su redistribución energética interna), se confirma en todos los entornos cerrados temporales de nuestro universo. Estas relaciones causa y efecto se derivan de una Unidad Absoluta cerrada, y se aplican a todos los entornos cerrados temporalmente de los sistemas resonantes de comunicaciones y de control desarrollados por el ser humano análogamente al proceso existencial o al proceso UNIVERSO del que se derivan. Estas aplicaciones humanas confirman el proceso racional humano que les dio lugar, proceso que a su vez se inspiró en las observaciones de la fenomenología energética universal, y que se confirman también en las estructuras cerradas resonantes temporales naturales, tales como los sistemas galácticos a una escala energética (es decir, a una escala espacio-tiempo), y atómicos a otra escala energética.

Ahora bien.

En el caso del reconocimiento que nos ocupa, Unidad Existencial, la configuración energética y el proceso existencial que ella estimula y sustenta a los que lleguemos por nuestro proceso racional a partir de la presencia eterna de la sustancia primordial de la que todo se genera y recrea, tiene que ser la fuente absoluta de los principios reconocidos y confirmados, y tiene que consolidarlos, conducir a un solo *Principio Absoluto* por el que se rige el proceso existencial consciente de sí mismo, y del que se derivan las leyes universales, todas, que son de aplicación de validez local por razones que no pueden dejarse de reconocer sobre esa estructura de relaciones causa y efecto (ya lo veremos), y que se confirman en la fenomenología energética universal que alcanzamos desde la Tierra. Además, para la Ciencia, la configuración de la Unidad Existencial a la que llegamos es la real pues le resuelve los problemas inherentes al *Modelo Cosmológico Standard*, y le permite establecer y confirmar las bases para formular la *Teoría de Todo*; y para la disciplina racional de Teología le permite revisar el alcance de los reconocimientos de Dios y sus aproximaciones a Él en las diversas versiones culturales teológicas de la civilización de la especie humana en la Tierra. Más aún, identificaremos la residencia espacial de la estructura de la Consciencia Universal que define al Espíritu de Vida.

En cuanto a la experimentación íntima, personal, individual del proceso existencial por el ser humano, lo veremos en la sección VIII.

La Verdad, eternidad, es un concepto que se hace realidad sólo por proceso racional, pues hay que vivir eternamente para confirmarla por la experiencia, algo que no se logra nunca pues el proceso eterno no cesa nunca. ¡Vaya paradoja!, pero, sin embargo, es hecha realidad por una experiencia del ser humano. ¿Cómo es eso posible si la eternidad es sólo realizable por un proceso interminable? Pues... haciéndose parte del proceso interminable, ¿de qué otra forma? Refs.(A).3 y 4.

VII

Alcance de nuestro reconocimiento íntimo, individual

Evidencia en la consciencia, en entendimiento por consolidación coherente, consistente, Filosófica-Cosmológica-Científica-Teológica

¿Qué tan profundamente podemos llegar en la relación entre la estructura energética de la Unidad Existencial, o el Universo para quienes todavía no alcanzan a visualizar la Unidad Existencial, y la estructura de interacciones que sustenta su Consciencia Universal?

Como ya lo mencionamos, podemos llegar tanto como deseemos.

No obstante, debemos prestar atención a lo siguiente.

Una cosa es tener la evidencia racional, confirmada científicamente, y su experimentación en el proceso SER HUMANO, pero otra cosa muy diferente es consolidar este arreglo de información dentro de nuestro arreglo de identidad cultural temporal[a] para realmente poder "saltar" o trascender a otra dimensión de consciencia, de realidad existencial.

Ya hemos mencionado una relación fundamental, de interés para todos, entre las disciplinas racionales de Ciencia y Teología acerca del proceso existencial, del proceso UNIVERSO para algunos, Dios para otros.

Esta relación es a través de los *campos de las fuerzas primordiales*: las fuerzas del proceso de redistribución energética en la Unidad Existencial, o en el Universo Absoluto, son las mismas fuerzas en la estructura de interacciones de la Consciencia Universal. Ya lo mencionamos, no obstante, vale la pena refrescarlo como sigue. Esta insistencia y dedicación en esta sección por separado se justifica pues no estamos acostumbrados a explorar el proceso existencial u ORIGEN, ni mucho menos la relación de éste con los procesos UNIVERSO y SER HUMANO, por la consolidación de la información desde ambos dominios de la existencia, desde los dominios material y primordial (o espiritual).

La consolidación de la información existencial desde los dos dominios, material y primordial, sólo puede tener lugar en la estructura de consciencia por el proceso racional que nos lleve a ella incorporando ambos dominios de información en el arreglo de relaciones causa y efecto que define nuestra identidad temporal cultural.

Tampoco estamos acostumbrados a reconocernos como un sub-proceso de la FUNCIÓN EXISTENCIAL CONSCIENTE DE SÍ MISMA, ni como unidades de la estructura de Consciencia Universal, ni como instrumentos remotos de nuestra identidad primordial que no reside en nuestro arreglo biológico temporal.

Es un gran "salto" el que tenemos que dar para reubicarnos en el proceso existencial consciente de sí mismo y hacernos partes conscientes de él, pues aunque somos eternamente partes inseparables de él nuestra consciencia limitada nos mantiene en esta "separación" relativa que estamos experimentando ahora. Es verdad, es un gran "salto" de consciencia el que hay que dar, y requiere valor; pero podemos hacerlo y estamos esperados hacerlo, y todos contamos con las orientaciones y herramientas para hacerlo, pero depende de nosotros, sólo de nosotros, de cada uno de los seres humanos, de nuestra voluntad ya que nadie va a hacerlo ni puede hacerlo por nosotros, ni siquiera el mismo proceso ORIGEN del que provenimos y somos sub-procesos de la estructura de su Consciencia Universal. Hay una razón absolutamente al alcance de todos para entender por qué nuestro proceso ORIGEN, Dios para muchos, el universo para otros, no puede hacerlo por nosotros, no puede forzar ese "salto" en nosotros aunque nos lo estimula continua, incesantemente [Ref. (C).1].

En relación a la consolidación de la información en ambos dominios material y primordial, para la comunidad científica que busca la *Teoría de Todo*, podemos reconocer aspectos de la distribución del manto de fluído primordial, de sustancia primordial sin asociaciones, que permiten la unificación de los *campos gravitacional y cuántico*; este último como una modulación particular del *campo gravitacional primordial*. Pero este *campo gravitacional primordial* es también el mismo campo sobre el que se definen los dos *campos de fuerzas primordiales de asociación y disociación* que en la estructura de Consciencia Universal se reconocen como *fuerzas de amor y temor*, campos sobre los que se propagan los estados de pulsación de la FORMA DE VIDA PRIMORDIAL[Ref.(A).4] a los que luego experimentamos y reconocemos como *sentimientos*.

Ambos campos primordiales considerados por las disciplinas racionales de Ciencia y Teología tienen su origen en las redistribuciones a las que induce o fuerza la pulsación primordial, obviamente la única pulsación primordial, que se reconoce en las formas de vida como el *espíritu de vida (aliento, vibración o pulsación de vida)*.

La pulsación primordial es parte de todo, absolutamente de todo lo que es, de todo lo que existe.

La radiación cósmica de fondo de nuestro universo es un sub-espectro de la pulsación primordial.

Como ya mencionamos, tenemos acceso mental al origen de la pulsación primordial, aspecto energético fundamental de la estructura consciente de sí misma, la Consciencia Universal, cuyo componente inmutable eternamente es el Espíritu de Vida. Jamás

—

podemos dejar el entorno de la Unidad Existencial sobre el que se define la Vida, la FORMA DE VIDA PRIMORDIAL[Refs.(A).1 y 4]; el entorno donde tienen lugar las interacciones que sustentan la Consciencia Universal; el entorno de la TRINIDAD PRIMORDIAL, de la estructura que sustenta el *Sistema Termodinámico Primordial*; el entorno en el que se halla el componente inmutable de la estructura de Consciencia Universal, componente al que reconocemos como Espíritu de Vida. Sólo llegamos a todos los confines de la Unidad Existencial a través de la mente, pero experimentamos los efectos de todo lo que ocurre fuera de la estructura de Consciencia Universal, y podemos reproducir a otra escala energética todo lo que ocurre energéticamente fuera de ella.

Ahora sí, vamos a ir a otra relación fundamental: a la relación entre el estado natural del proceso existencial y el estado de sentirse bien del ser humano.

[a]
La identidad temporal cultural es el arreglo de relaciones causa y efecto que se va "construyendo", experimentando frente a todos los eventos de vida que excitan a la identidad primordial, al estado de sentirse bien del ser humano, de nuestra individualización del proceso SER HUMANO. Frente a la puesta fuera del estado de sentirse bien el proceso racional busca cómo regresar a él. Obviamente el proceso racional está fuertemente condicionado culturalmente.

VIII

Proceso Existencial

Estado de Sentirse Bien

Experiencia del proceso ORIGEN en el proceso SER HUMANO

Relación entre el estado primordial del ser humano, *estado de sentirse bien*, y su origen, la Fuente, la Unidad Existencial consciente de sí misma.

Regocijo es uno de los tres atributos de la Unidad Existencial. A nuestro nivel de la estructura de Consciencia Universal este atributo es el *estado primordial de sentirse bien* de la Unidad Existencial, es su estado natural.

El estado de sentirse bien es el estado de consciencia primordial del proceso existencial; es el estado inicial de todas sus manifestaciones temporales [Refs.(A).1, 2 y 3].

Este estado primordial es la consciencia de la *convergencia en armonía* de todas las componentes temporales de la estructura de Consciencia Universal; es el estado natural del proceso existencial consciente de sí mismo. *Armonía* es el estado natural de interacción entre todas las componentes que definen a la Unidad Existencial consciente de sí misma.

Esta convergencia armónica puede ser descripta matemáticamente, y lo hemos hecho, como veremos luego, aunque no lo hemos reconocido así, y puede entenderse energéticamente en los sistemas resonantes de nuestras aplicaciones en el sub-espectro electromagnético, en los sistemas electrónicos resonantes de los equipos industriales, de comunicaciones y control; pero alcanzar

el entendimiento de esta convergencia en nuestro arreglo de identidad no es nada sencillo y requiere de un gran trabajo íntimo de
cada individuo. Sin embargo, y he aquí algo extraordinario, podemos alcanzar y experimentar, disfrutar este estado primordial sin
entenderlo, si hacemos lo que hay que hacer [Refs.(A).2 y 3]. No obstante, ahora veremos una rápida revisión que nos estimule a considerar ponernos en el camino, en ir hacia ese estado aún sin entender los aspectos energéticos que mencionaremos luego al revisar las bases del *Modelo Cosmológico Unificado Científico-Teológico*.

Somos unidades de interacción, partes inseparables de la Consciencia Universal absolutamente eterna, de la consciencia de sí
misma del proceso existencial que tiene lugar en la Unidad Existencial, en el Universo Absoluto fuera del cuál nada hay.

**El proceso existencial es compuesto por todas las redistri-
buciones de energía, la re-energización de las estructuras
materiales, sus disociaciones, reasociaciones, y las interacciones entre estructuras de información y las comparaciones
entre sus efectos en diferentes entornos y tiempos que tienen lugar dentro de la Unidad Existencial, del Universo Absoluto del que nuestro universo es uno de sus componentes.
Estas últimas, interacciones y comparaciones, sustentan la
Consciencia Universal que tiene lugar sobre un sub-espectro
del proceso existencial.**

Ahora bien.

**Todo resultado de un proceso energético lleva en sí mis-
mo, impresa en su estructura energética, a la información del
proceso del que proviene.**

Luego, los seres humanos, como unidades de consciencia de
la Unidad Existencial, llevamos en nosotros mismos, en nuestro
arreglo energético trinitario *alma-mente-cuerpo*, la información pa-

ra acceder a la característica natural, primordial, absoluta, de la relación e interacción entre todos los componentes interactuantes por los que se define y se sustenta la Consciencia Universal del proceso existencial y la de todas sus unidades conscientes de sí mismas, o a las que se les transfiere la consciencia.

Esa característica de relación e interacciones por las que se sustenta el reconocimiento con entendimiento de sí mismo del proceso existencial es *armonía*.

Experimentamos la *armonía* entre lo que hacemos, pensamos, deseamos (acciones que tienen lugar en cada uno de los componentes energéticos de nuestra trinidad) al sentirnos bien, al sernos transferidos el estado primordial desde la Unidad Existencial, desde su estructura de Consciencia Universal.

La Unidad Existencial es eso, Unidad Absoluta.

Fuera de la Unidad Absoluta nada hay, nada existe, nada se define; por lo tanto, el proceso por el que ella se reconoce y se entiende a sí misma, y por el que se sustenta su consciencia, es naturalmente el *estado de sentirse bien*. No hay otro estado para ella. La Unidad Existencial es simplemente Lo Que Es, Como Es, y sus unidades, los seres humanos, vamos a experimentar la misma consciencia de ese estado natural, el *estado de sentirse bien,* como lo definimos ahora, cuando todo lo que tiene lugar en nosotros esté en armonía con el proceso del que somos partes inseparables y en el que siempre, inevitable e inescapablemente, estamos inmersos.

El *estado de sentirse bien* es la experiencia (el propósito alcanzado, realizado) en sí mismo del arreglo de referencia[(*)] **absoluta de la Unidad Existencial por el que se rigen las interacciones entre todos sus componentes temporales para alcanzar, precisamente, el reconocimiento de sí misma.**

(*)
Este arreglo de referencia absoluta es el que se describe matemáticamente para la Unidad Existencial, luego. Esta descripción se

extiende y aplica a todas sus recreaciones a *imagen y semejanza* puestos en manifestaciones temporales, y a todos sus componentes analógicos, entre ellos los sistemas cerrados galácticos y estelares, en una dimensión energética, y electromagnéticos y atómicos, en otra dimensión energética.

NOTA.

Matemáticamente descripto y confirmado por la ciencia (aunque sin haberlo reconocido aún) veremos que la Unidad Existencial se compone y sustenta por un infinito número de componentes temporales que son los que nosotros llamamos sus *recreaciones de sí misma*, recreaciones de las que nuestro universo y todas sus manifestaciones de vida son partes.

En los sistemas energéticos de nuestros sistemas resonantes, el estado de "sentirse bien" es dado por la *armonía*, por la característica de la interacción por la que se sustenta la oscilación permanente en el sistema.

Armonía es coordinación entre las partes y sus interacciones que definen una unidad; es por la puesta en fase, como se dice para los sistemas oscilantes electrónicos.

El *estado de sentirse bien* es también el estado de referencia del proceso racional en los seres humanos, en las unidades de la Unidad Existencial con capacidad de desarrollo de consciencia; es el <u>estado de referencia</u> del <u>proceso de establecimiento de relaciones causa y efecto</u> frente a la fenomenología energética y de vida universal para la "construcción" o el desarrollo de los arreglos de las identidades culturales temporales en armonía con las identidades primordiales de las recreaciones a *imagen y semejanza* de sí misma de la Unidad Existencial [Ref.(A).3].

Más aún.

El <u>*estado de sentirse bien*</u> es no sólo la referencia sino el <u>propósito</u> del proceso racional en los seres humanos para regresar a él, a su estado natural, luego de que se "separa" del proceso existencial cuando deja de actuar en armonía con él, lo que se indica en la *infelicidad*, en el estado indicador de la

falta de armonía. Esta simultaneidad se permite por la memoria del estado de sentirse bien (pasado) que sirve de referencia al proceso en el presente para ir hacia el propósito (en el futuro, ya sea inmediato o mediato).

Siendo la Unidad Existencial la entidad absoluta, ella y el proceso existencial que establece y sustenta, son cerrados absoluta, eternamente. Luego, toda unidad de proceso temporal consciente de sí misma es una "copia", una recreación a otra escala energética a *imagen y semejanza* del único proceso eterno consciente de sí mismo que tiene lugar en toda la Unidad Existencial.

El estado de sentirse bien es el estado natural de la convergencia y asociación de todas las relaciones causa y efecto que conforman y sustentan la FUNCIÓN EXISTENCIAL CONSCIENTE DE SÍ MISMA, y es, obviamente, el estado que rige la recreación de las *unidades de interacción* de la Consciencia Universal (unidades a las que por extensión también les llamamos unidades de consciencia).

El estado de sentirse bien es el *estado de consciencia primordial* del ser humano.

El estado de sentirse bien es el *estado de consciencia primordial* desde el que partimos para el desarrollo de nuestra *identidad temporal cultural*.

La <u>identidad consciente de sí misma del ser humano</u> es simplemente el complejo arreglo de causa y efecto que va desarrollando en su ambiente energético y social en relación a su *estado de consciencia primordial de sentirse bien*.

La identidad cultural temporal se espera que evolucione en armonía con el estado de sentirse bien que tiene componentes biológico, mental y espiritual. Hay una referencia natural para el arreglo biológico, una referencia para el proceso racional (lo que se cree, *actitudes primordiales*) y una referencia espiritual (lo que se reconoce primordialmente, Dios) [Refs.(A).2 y 3; (C).1].

La *identidad temporal cultural* es la que desarrollamos forzadamente primero (por enseñanza e inducción, o influencia, de la consciencia colectiva del grupo social humano al que pertenecemos), y luego por nuestra voluntad; es el complejo arreglo de causa y efecto particular, único para cada uno de los seres humanos, que nos dirá qué hacer, en el ambiente social en el que estamos, para regresar a nuestro estado natural de *sentirnos bien* y, o mantenerlo, y que estimula el proceso racional para buscar cómo llevar a cabo lo que hay que hacer para lograrlo.

No necesitamos razonar para reconocer el estado de sentirnos bien al que reconocemos por "perderlo", por no sentirnos bien.

El proceso racional es para establecer relaciones causa y efecto que describan por qué no nos sentimos bien, y es el proceso para "construir" el regreso al estado de sentirse bien. El estado de sentirse bien precede al proceso racional; como mencionamos antes, es la referencia del proceso racional en una dimensión temporal, y es el propósito en otra dimensión del mismo proceso.

El proceso SER HUMANO es la recreación del proceso existencial que se sustenta sobre una estructura energética, nuestro cuerpo, que es absolutamente análoga funcionalmente a la de la Unidad Existencial que tiene otra forma completamente diferente.

Nuestra estructura energética es una "coalescencia", una demodulación de un arreglo de la red espacio-tiempo en la que se halla inmersa la Tierra; demodulación que tuvo lugar cuando en nuestro planeta se alcanzaron las condiciones energéticas adecuadas. Esta demodulación es por la que se rigió la evolución de la asociación de partículas y moléculas de vida (moléculas ADN) que forman nuestra estructura energética trinitaria *alma-mente-cuerpo*, por un mecanismo que ahora podemos explorar tanto como queramos y estemos dispuestos a hacer; pero, para ello, antes necesitamos conocer la Unidad Existencial.

Sin embargo, si no es de nuestro interés, no necesitamos realmente conocer la estructura energética de la Unidad Existencial para estar en armonía con la FUNCIÓN EXISTENCIAL que ella sustenta, sino vivir de acuerdo con las *Actitudes Primordiales* en nuestras experiencias de vida [Refs.(A).2 y 3].

El estado de sentirse bien del ser humano es indicación de su armonía con el proceso ORIGEN, con Dios.

Armonía es el *Principio Primordial* que rige el proceso e-xistencial, la composición y distribución de sus componentes y sus interacciones.

El *Principio Primordial* es el aspecto fundamental del *Modelo Cosmológico Unificado Científico-Teológico* cuyas bases introduciremos a continuación, luego de las ILUSTRA-CIONES introductorias a la Unidad Existencial como hiperespacio (espacio energético) multidimensional de naturaleza binaria (definido por dos sub-dominios energéticos de asociaciones de sustancia primordial). Estas ilustraciones resumen una gran cantidad de información (no detalladas aquí) para quienes están familiarizados con estas representaciones en matemáticas (Figura I, por la que introducimos *Geometría Binaria*), cosmología (Figura II), e ingeniería electrónica (Figura III).

Antes regresemos por un momento al *marco de referencia primordial* aplicado a una estructura de interacciones autocontrolada (o en la que el arreglo de control es inherente a la configuración de interacciones, que es lo que realmente ocurre en la Unidad Existencial y se transfiere naturalmente a todas sus estructuras temporales análogas).

Regocijo, estado de sentirse bien, es propósito y referencia absolutos del proceso existencial consciente de sí mismo para guiar sus experiencias de vida y creaciones;

Eternidad es la referencia absoluta para el desarrollo del entendimiento del proceso ORIGEN;

Amor es el algoritmo[Ref.(A).3] de interacciones del proceso existencial por el que se alcanza la Consciencia Universal a partir de la referencia, el *estado de sentirse bien*, la experiencia de la armonía entre las entidades interactuantes, estado con el que llegamos a la manifestación temporal para iniciar nuestro desarrollo de consciencia del proceso existencial.

Amor primordial (no nuestra versión cultural), en diferentes dimensiones de la estructura de pulsación primordial es: campo de fuerza de gravitación primordial; campo de fuerza de asociación primordial en la estructura de Consciencia Universal; sentimiento (uno de los dos "símbolos" del lenguaje primordial binario); algoritmo de proceso en los arreglos de identidades; y, finalmente, es el estado de consciencia de la Unidad Existencial como Fuente.

ILUSTRACIONES

Unidad Existencial

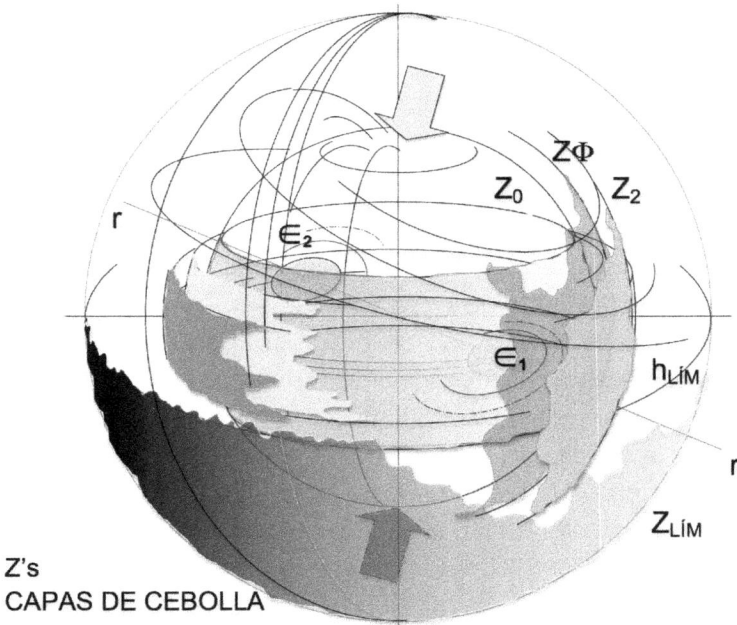

Figura I.
Estamos, la especie humana en la Tierra, en nuestro universo (la hiper galaxia Alfa, $\in_1$), en el "centro" energético del hiperespacio de existencia, en la hipersuperficie de convergencia energética $Z\Phi$ de la Unidad Existencial; en el dominio material en el entorno de convergencia de los dos sub-dominios D_2 y D_1 (fuera y dentro de $Z\Phi$ respectivamente), sub-dominios de asociación y disociación de la sustancia primordial y las partículas primordiales [Ref.(A).1].

NOTA.
Fuera de $Z_{LÍM}$ nada hay, nada existe, nada se define.

Introducción a la *Geometría Binaria* de la Unidad Existencial.

En un hiperespacio multidimensional de naturaleza binaria hay un centro geométrico Zn, que es también el núcleo energético de la Unidad Existencial, y un "centro", un entorno energético, que es la hipersuperficie $Z\Phi$ de convergencia energética, extraordinario entorno en el que estamos manifestados [Ref.(A).1].

Nuestro universo es un entorno ($\in_1$) o el "vecindario" de la Unidad Existencial que alcanzamos desde la Tierra.

Nuestro universo se desarrolló a partir de la expansión de un "paquete" de energía de la Unidad Existencial luego del "disparo" del Big Bang, del evento de expansión de ese "paquete" de energía. Hubo esa expansión, aún en progreso, pero no es como se interpreta hasta ahora. La expansión se ve como "explosión" inicial solo por la dimensión del tiempo en la que nos encontramos. En realidad, la expansión fue y sigue siendo una curva logarítmica suave; un entorno, nuestra galaxia, tuvo otra curva logarítmica con otra pendiente de desarrollo inicial. No vamos a entrar en estos detalles aquí. Solo recordemos que la descomposición de un semiperíodo de proceso (de Alfa u Omega) tiene infinitas componentes con diferentes períodos (o frecuencias) de re-energización y pasos de evolución [Ref.(A).1]. Lo vemos en la descripción matemática de la eternidad por la herramienta racional de *Serie de Fourier*.

Unidad Existencial

"Estructura en Capas de Cebolla"

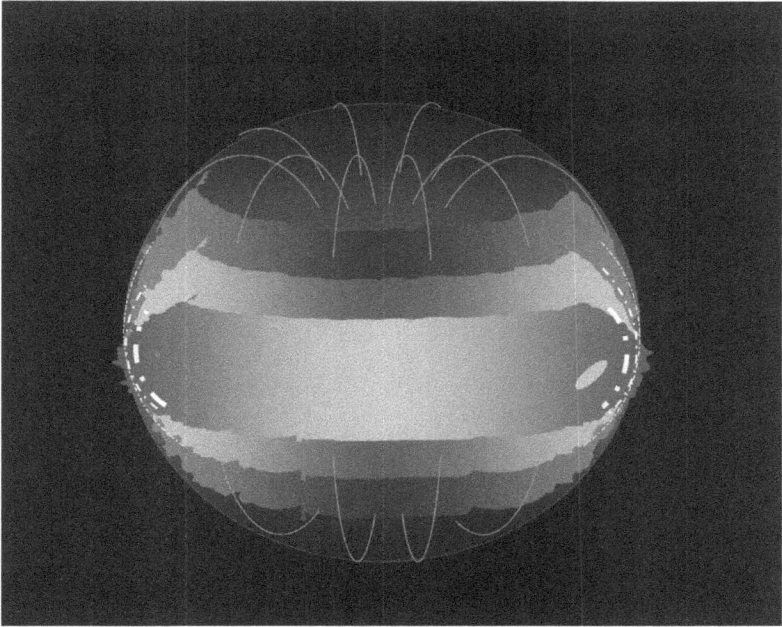

Figura II.
Estructura Multidimensional en "Capas de Cebolla".
   Nuestro universo, todo nuestro universo, es el área indicada por el pequeño óvalo de la derecha. Nuestro universo es la hiper galaxia Alfa de la estructura binaria Alfa y Omega de la Unidad Existencial que se ve en la Figura I como las estructuras $\in_1$ y $\in_2$ [también indicadas como $\in^{(-)}$ y $\in^{(+)}$ respectivamente].

En esta ilustración la esfera dibujada como referencia es la hipersuperficie de convergencia energética $Z\Phi$.

Las "capas de cebolla" son niveles de densidad de la estructura de intermodulación del manto energético, del manto de fluído primordial, que no discriminamos desde la Tierra sino por disposición de los arreglos estructurales materiales a los que vemos distorsionadamente como nuestro universo.

Unidad Existencial

Distribución espacio-tiempo
de las asociaciones de sustancia primordial

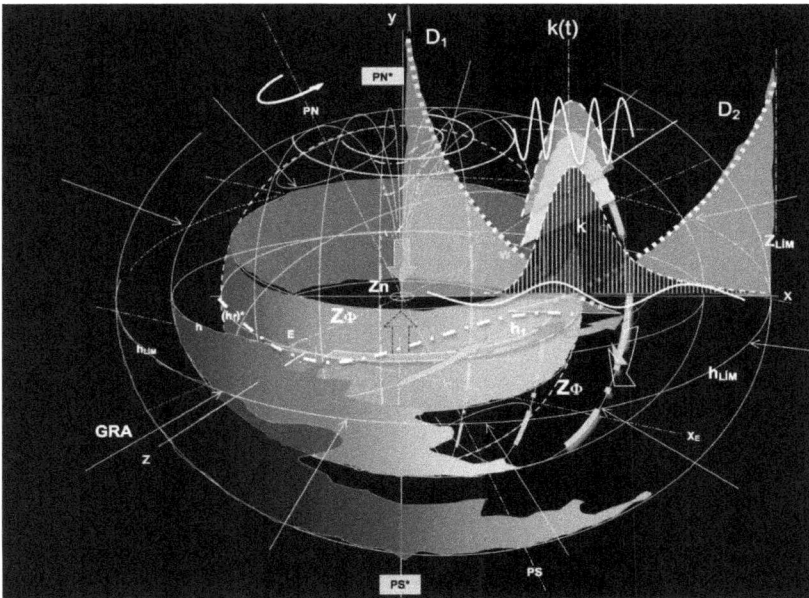

Figura III.
Tenemos los dos sub-dominios de asociación y disociación (D$_2$ y D$_1$, respectivamente) convergiendo sobre el entorno al que llamamos hipersuperficie de convergencia energética ZΦ sobre el que se desarrolla el dominio material en el que nos hallamos. Sobre este dominio material se establece la componente primordial de circulación k constante, continua, y sus componentes componentes senoidales en el tiempo.

En la Figura III no estamos mostrando la distribución real de los universos ni sus constelaciones. Las líneas verticales encerradas por la curva de circulación k indican las "capas de cebolla" de la distribución de los componentes de la estructura de circulación, de las galaxias y constelaciones y sus sistemas estelares.

Modelo Cosmológico Unificado Científico-Teológico

Revolución en el paradigma científico de la especie humana en la Tierra por el que rige su desarrollo de entendimiento de su proceso ORIGEN, el proceso existencial consciente de sí mismo cuya limitada interpretación racional actual es Dios, con Quién nos relacionamos por alguna de nuestras versiones fuertemente condicionadas culturalmente.

Armonía

Principio Primordial

es el aspecto fundamental del
*Modelo Cosmológico Unificado Científico-
Teológico*

Principio Primordial
que rige el proceso existencial
consciente de sí mismo

Nuestra civilización, nuestros científicos, cuentan con este Principio Primordial que no ha sido reconocido como tal.

¿Puede una sola ecuación, una expresión racional, matemática, una relación de causa y efecto primordial, ser derivada del Principio Primordial por el que se rige el proceso existencial y por ella desarrollar y alcanzar el entendimiento de por qué ocurre lo que ocurre en nuestro universo y en nuestro mundo, en la civilización de la especie humana presente en la Tierra?

Sí.

Ya tenemos la información y las herramientas racionales que necesitamos para llegar al Origen Absoluto y entender el proceso existencial y todo lo que él da lugar, incluyendo el *Principio Primordial*.

Luego, a través del *Principio Primordial* podemos explorar la configuración espacio-tiempo de la Unidad Existencial, de la presencia eterna del colosal manto de sustancia primordial. Esta configuración es la del *Sistema Termodinámico Primordial* de la que nuestro universo es parte, y es sobre la que se establece y define la estructura TRINIDAD PRIMORDIAL donde tienen lugar las interacciones que sustentan la Consciencia Universal cuya componente inmutable es el Espíritu de Vida.

A pesar de contar con el *Principio Primordial*, la consolidación buscada como la Teoría de Todo sólo será alcanzable conceptualmente. Esto se debe a que la expresión del *Principio Primordial* tiene términos en dimensiones espaciales y temporales a las que nunca podemos alcanzar físicamente.

Sin embargo, ahora podremos entender, además de la consolidación que tiene realmente lugar en la Unidad Existencial, por qué las leyes de nuestro universo son de validez local, y podremos ponernos en el camino de explorar racionalmente el proceso existencial en todas sus dimensiones y entender sus efectos en nuestra estructura humana.

IX

Teoría de Todo

Modelo Cosmológico Unificado

¿Una sola expresión que contenga la información primordial que nos permita desarrollar el entendimiento de todo lo que ocurre en el universo?

Estamos en un espacio energético (hiperespacio) multidimensional de naturaleza binaria, no obstante, hay, sí, un principio por el que todo lo que ocurre en él, en todos los entornos temporales y en todas las dimensiones de la estructura energética que define a la Unidad Existencial, tiene lugar de manera que se describe por una sola expresión racional, como veremos más adelante.

Esa expresión orienta el desarrollo de las relaciones causa y efecto que deben establecerse en cada entorno local, temporal, conforme a sus parámetros energéticos (que no son iguales a los de los entornos a los que no alcanzamos ni en espacio ni en tiempo, sino conceptualmente) cuyos valores relativos <u>son válidos sólo en el entorno relativo al **manto energético de referencia** en el que nos hallemos inmersos explorando la fenomenología energética</u>, y **de acuerdo a las referencias que hemos definido**, <u>que son temporales y de validez local</u>. Nuestro manto energético de referencia es el manto solar, una modulación del manto galáctico.

De la expresión que describe el *Principio Primordial* se deriva la expresión conceptual, no real cuantitativamente,

$E = m.c^2$

Nuestro universo surgió, sí, de un evento de expansión energética, pero fue un evento de resonancia energética y no como se interpreta ahora[Ref.(A).1] como el fenómeno Big Bang de expansión inicial violenta o muy rápida.

No hay un inicio del tiempo, excepto como inicio de un período de proceso que es parte de un proceso eterno sin principio ni fin.

Tenemos acceso, a través de la Mente Universal, a la estructura del manto de fluído primordial que permite consolidar los campos de fuerzas universales en un solo campo primordial.

Más aún.

Podemos consolidar los campos de fuerzas universales con los de la estructura de Consciencia Universal.

No obstante tener el *Principio Primordial*, la consolidación sólo será conceptual pues la expresión del *Principio Primordial* tiene términos en dimensiones espaciales y temporales a las que no podemos alcanzar físicamente.

NOTA.

Pueden haber algunas descripciones energéticas algo técnicas, en ningún caso son extensas, que pudieran parecer áridas para el lector común.

Si así ocurre, no se detengan en ellas y continúen la revisión de este material sobre los elementos de interés.

Lo que realmente importa son los aspectos de consolidación de las bases racionales con los elementos de información de la fenomenología energética universal y su confirmación en las experiencias observadas y, o replicadas en nuestras aplicaciones citadas en las bases del *Modelo Cosmológico Unificado*.

Particularmente de interés de todos es llegar al *Principio Primordial* pues éste rige el comportamiento energético de la Unidad Existencial toda; orienta las interacciones entre las unidades de la estructura de Consciencia Universal, entre los seres humanos entre sí, y de éstos con las demás formas de vida, el ambiente energético que sustenta nuestras experiencias de vida y los desarrollos de consciencia; y orienta la interacción consciente, obviamente voluntaria, entre el ser humano y el proceso ORIGEN para "saltar" o trascender a otra dimensión de realidad existencial[Refs.(A).2, 3 y 4].

La sección XI nos provee una introducción al alcance de todos de la intermodulación del manto energético.

OBSERVACIÓN.

Quizás se repiten aspectos, conceptos, definiciones, pero es para enfatizar en una presentación del proceso ORIGEN de TODO LO QUE ES, TODO LO QUE EXISTE, todo lo que experimentamos, particularmente el origen de nuestra versión racional y cultural Dios, de nuestra relación con Él, y de componentes a los que no estamos acostumbrados.

La Teoría de Todo.

La *Teoría de Todo* o *Teoría Unificada*[(a)] que busca la comunidad científica es la estructura racional que explica y relaciona coherente y consistentemente todos los aspectos energéticos de nuestro universo, y permite unificar las dos teorías sobre las que se desarrolla la modelación actual espacio-tiempo del proceso UNIVERSO: las teorías de relatividad general del *campo gravitacional*[(b)] y del *campo cuántico*[(c)].

La Teoría de Todo es la modelación de la estructura y funcionamiento de nuestro universo sobre un *campo de fuerza primordial* en el que tienen lugar los *campos gravitacional y cuántico* como componentes inseparables del *campo primordial de naturaleza binaria*. La naturaleza binaria del proceso existencial está implícita en el modelo actual espacio-tiempo de nuestro universo.

Finalmente, al alcance de todos, disponemos de la Teoría de

Todo en el *Modelo Cosmológico Unificado Científico-Teológico.*
Más aún.

El *Modelo Cosmológico Unificado*[Ref.(A).1], además de lograr esta coherencia y consistencia que el *Modelo Cosmológico Standard del Big Bang [Lambda-CDM Model (Cold Dark Matter)]* no ofrece, incluye la estructura energética sobre la que tienen lugar las interacciones entre todas las unidades de inteligencia del proceso existencial (las manifestaciones de vida universal) y las comparaciones de las experiencias de vida de los seres más avanzados por las que se sustenta la Consciencia Universal, Dios. El *Modelo Cosmológico Unificado* nos proporciona información de interés para todos los seres humanos, independientemente de sus áreas de intereses en la vida, pues todos, absolutamente todos deseamos disfrutar el proceso existencial, entender por qué el mundo es como es, por qué nos ocurre lo que nos ocurre, y cómo resolver lo que nos afecta [Refs.(A).1, 2 y 3; (C).1].

Veamos un resumen de las bases racionales y confirmaciones energéticas que nos introducen al *Modelo Cosmológico Unificado, o Consolidado Científico-Teológico* que revisaremos con más detalles en la siguiente sección X.

Primordialmente se reconoce que nuestro universo es parte de la Unidad Existencial.

Indiscutible, inespeculadamente, tenemos la evidencia racional, confirmada energéticamente, que el proceso UNIVERSO es un componente temporal de la Unidad Existencial cuya eternidad se describe conforme a un principio absoluto ya reconocido y confirmado plena, exhaustivamente.

Nuestro universo es resultado del proceso existencial que le precede y del que proviene la inteligencia e información de vida, pues se sabe que <u>ningún proceso energético real puede dar por resultado a algo más inteligente o consciente que la referencia</u>

que rige el proceso. Entonces, llamamos Dios al proceso inteligente, consciente de sí mismo, que dio lugar al proceso UNIVERSO, y de aquí que un modelo del proceso existencial debe incluir la inteligencia inherente a él; debe incluir a Dios, a la Consciencia Universal del proceso existencial, a Quién hasta hoy excluímos por nuestra interpretación de nuestro ORIGEN, interpretación que es racional limitada y fuertemente condicionada culturalmente.

La inclusión es mandatoria pues nosotros no creamos inteligencia, no creamos la consciencia inicial, sino que desarrollamos inteligencia y consciencia inherente al arreglo trinitario *alma-mente-cuerpo* que nos conecta al mismo arreglo TRINIDAD PRIMORDIAL del proceso del que somos partes inseparables[Ref.(A).4]. Simplemente, si *nada puede crearse de la nada*, principio absoluto ya reconocido, entonces mucho menos puede crearse inteligencia y su consciencia. Ambas, inteligencia y su consciencia de sí misma, son inherentes al arreglo energético, y sus interacciones, de la Unidad Existencial cuya eternidad también ha sido reconocida y confirmada.

La incompatibilidad aparente entre las dos teorías predominantes [relatividad general (*campo gravitacional*) y *campo cuántico*], que tienen sus dominios reales de aplicación, se debe a que no se ha reconocido la estructura energética trinitaria de la Unidad Existencial sobre la que se establece y define la entidad binaria de la que nuestro universo es parte inseparable y nuestra galaxia Vía Láctea es uno de sus componentes temporales.

El reconocimiento de la estructura de la Unidad Existencial es primordial; *es por trascendencia mental*. Sin embargo, nuestra especie dispone de toda la información para confirmarla coherente y consistentemente. Es más, nuestra comunidad científica ya hace uso de la herramienta racional fundamental que se deriva del Principio Absoluto que rige el funcionamiento de la Unidad Existencial, del universo, de sus formas de vida; principio del que se derivan nuestras Leyes Universales, y del que hablaremos algo más adelante. Es lo que ocurrió con el reconocimiento trascendental del *Principio de Conservación de la Energía* por una interacción inconsciente con el proceso existencial[Ref.(A).4], que luego se viene confirmando en las relaciones causa y efecto establecidas de la fenomenología energética universal.

El elemento fundamental de la Unidad Existencial es la sustancia primordial de naturaleza binaria [Ref.(A).1].

La sustancia primordial contiene en sí misma la información de su naturaleza y estructura energética de la que se derivan las propiedades topológicas y mecánicas del fluído primordial que llena la Unidad Existencial y sobre el que se encuentra inmerso Todo Lo Que Es, Todo Lo Que Existe; sustancia cuya naturaleza y propiedades innegables se demuestran racional, coherente y consistentemente, y confirman por la vasta experiencia.

Consolidación de las Leyes Universales.

Nuestras Leyes Universales se derivan de un *Principio Primordial, Absoluto,* que estimula y rige la evolución del proceso de re-energización de las estructuras energéticas en todas las dimensiones espaciales y temporales sobre las que tienen lugar las interacciones y comparaciones que sustentan la Consciencia Universal. Este *Principio Primordial* fuerza y rige inicialmente las recreaciones de todas las unidades de inteligencia, de sus componentes temporales; posteriormente estimula, inspira y orienta las interacciones entre los componentes temporales entre sí, y con el componente eterno, por las que continúan sus desarrollos de consciencia a través de las interacciones. Estas interacciones tienen lugar sobre la estructura de Consciencia Universal presente en la intermodulación del manto energético universal[Ref.(A).4].

La comunidad científica busca consolidar las leyes universales.

Por leyes universales nos referimos a las leyes que rigen la redistribución energética en nuestro universo, en el entorno de la

Unidad Existencial que alcanzamos desde la Tierra.

Las leyes universales son válidas solamente en nuestro universo, y dentro de él tenemos versiones que dependen de la *nuclearización universal*[d] a la que pertenece el entorno e-nergético que exploramos.

Estamos en el sistema solar, un componente de la galaxia Vía Láctea, nuclearización a la que se subordina el sistema solar del que somos parte de una sub-unidad binaria del mismo: la sub-unidad [Sol-Tierra] (simplificamos no teniendo en cuenta a los otros planetas; no tiene importancia por ahora).

La presencia en el manto de *fluído primordial*[Ref.(A).1] de toda a-sociación de sustancia primordial, y mucho más aún la presencia de alguna nuclearización universal, modula o re-ajusta la distribución del *fluído primordial*. No estamos diciendo nada nuevo realmente. La teoría gravitacional nos dice de la afectación del campo de fuerzas por la presencia de un objeto; pero a esta modulación se le superponen otras en otros niveles que simplemente por su orden de magnitud no pueden ser observados y explorados de la misma manera que las modulaciones gravitacionales. El *campo cuántico* es establecido por modulaciones de entornos muy pequeños del campo gravitacional, y <u>en esos entornos de gradiente gravitacional casi nulo la modulación es sobre las circulaciones del entorno</u>, no sobre los gradientes de la distribución gravitacional. Experimentamos este comportamiento fuera de la Tierra; no hay gravedad aparente hacia la Tierra, pero siempre hay gravedad hacia ella (dentro de una cierta distancia), y hacia el Sol, que aunque no se perciban como tales directamente tenemos sus e-fectos a través de las circulaciones, de las orbitaciones alrededor de la Tierra y del Sol. En la referencia ofrecida (A).1 se menciona la analogía de las modulaciones sobre la onda portadora de comunicaciones en la que las variaciones de las señales que la modulan no afectan a la portadora y viceversa (dentro de un cierto rango de interacciones).

¡ATENCIÓN!

La fuerza atómica es infinitamente de mayor densidad que la gravitacional del manto de fluído primordial, el manto energético en el que se encuentra el átomo, dentro del entorno espacial regido por el núcleo del átomo; pero el átomo no puede dejar el entorno gravitacional debido a la interacción entre las partículas primordiales del átomo con las del manto de fluído primordial pues esa interacción genera un *entorno de inserción*. No hemos tenido en cuenta el *entorno de inserción* que es una intermodulación del manto energético en el que se encuentra inmerso el átomo, en otra dimensión de pulsaciones que actuando sobre todo el entorno se integra en el núcleo del átomo; y <u>desde éste se redistribuye con un efecto neto casi nulo</u> sobre el manto (por eso la extraordinaria movilidad del átomo en el manto cuando responde frente a un cambio en la circulación del manto en el entorno de inserción con una componente lineal no nula en una dirección neta de desplazamiento en el manto), <u>pero con un efecto muy grande</u> sobre los electrones y entre átomos.

En otras palabras, el núcleo del átomo está "anclado" en un nivel de pulsación del manto energético a nivel primordial que <u>converge en el núcleo del átomo.</u>

Una vez más,

Nuestras Leyes Universales se derivan de un *Principio Primordial*.

El *Principio Primordial* de la Unidad Existencial que sustenta el proceso consciente de sí mismo no se puede reconocer sino hasta después de reconocer la configuración espacial de la única Unidad Existencial que sustenta el proceso consciente de sí mismo, del Universo Absoluto del que nuestro universo es parte.

NOTA.

El reconocimiento de la configuración de la Unidad Existencial es mandatorio y precede a cualquier intento para la consolidación de las leyes universales en nuestro universo, pues, una vez más, ellas, <u>nuestras leyes universales, son válidas solamente en nues-</u>

tro universo, aunque son versiones del *Principio Primordial en la Unidad Existencial* del que se derivan todas las versiones en todos los entornos espaciales y temporales de la Unidad Existencial.

Por otra parte, el *Principio Primordial* es consecuencia de la configuración espacio-tiempo que naturalmente toma la distribución de sustancia primordial para conformar la Unidad Existencial.

La "interacción" entre la nada fuera del manto de sustancia primordial y éste es lo que mecánicamente origina, o mejor dicho, sustenta todo lo que ocurre dentro de la Unidad Existencial. Esta "interacción" es en realidad la reacción de la sustancia primordial frente a la nada fuera de la Unidad Existencial.

Ya tenemos la configuración global de la Unidad Existencial. Es la que presentamos en las Figuras I y II [que podemos revisar con algunos detalles en las referencias (A).1 y 4. Una revisión para la Ciencia es el libro *La Teoría de Todo*, en preparación].

Tenemos la estructura energética TRINITARIA PRIMORDIAL de la Unidad Existencial sobre la que se establece y sustenta la FUNCIÓN EXISTENCIAL CONSCIENTE DE SÍ MISMA cuya identidad es DIOS [Ref.(A).1]; es la estructura que en el nivel puramente energético constituye el *Sistema Termodinámico Primordial* [Ref. (A).1], sistema que necesitábamos para identificar las bases energéticas para formular la Teoría de Todo.

El principio Primordial Absoluto que rige las composiciones, distribuciones e interacciones entre todos los elementos de la Unidad Existencial es el *Principio de Armonía*, al que veremos más adelante.

Veamos la definición del Modelo Cosmológico Unificado Científico-Teológico, y entonces sí, pasaremos finalmente a una revisión algo más detallada de las bases racionales y energéticas que lo sustentan.

(a)

Esta sección es una versión de la ofrecida en el libro *Antes del Big Bang*, referencia (A).1, Apéndice, posteriormente en el libro *Dios, Consciencia Universal*, referencia (A).4, y ahora revisada como introducción al *Principio Primordial, Armonía*. La versión para la Ciencia es el libro *La Teoría de Todo*, en preparación.

(b)

Campo gravitacional es considerado una propiedad geométrica del espacio universal, de la curvatura energética asociada a la geometría espacial, por la que se rigen las relaciones entre los objetos presentes e inmersos en el espacio;

es dado por los gradientes de distribución espacial de las rotaciones de los elementos del manto de *fluído primordial*.

(c)

Campo cuántico trata a las partículas como *estados de excitación* de un campo de fuerzas (que pueden reconocerse como *modulaciones*).

(d)

Nuclearización universal es toda asociación natural que caracteriza a las partículas primordiales y sus asociaciones conformando unidades de circulación del manto energético primordial, con una componente de rotación preferencial que las distingue como tales (con un eje de rotación preferencial).

Un trozo de material cualquiera, una roca, es una unidad de circulación, pero no tiene un eje de rotación preferencial sobre su superficie que contiene la asociación que lo establece y define.

Un átomo es una nuclearización universal en una dimensión espacial; el sistema solar es otra nuclearización universal; una galaxia es la mayor nuclearización universal en el proceso UNIVERSO. Todas estas nuclearizaciones tienen un eje de rotación preferencial que las define como *nuclearizaciones universales* pues modulan el manto energético induciendo asociación hacia ellas. En cambio, los materiales generan modulaciones o campos gravitatorios hacia ellos que eventualmente pueden inducir interacciones entre ellos pero no sus asociaciones debido a las características de interacciones en sus dimensiones energéticas.

Modelo Cosmológico Consolidado Científico-Teológico

- Muy simplemente,
  El *Modelo Cosmológico Consolidado Científico-Teológico* describe energética y funcionalmente al proceso existencial consciente de sí mismo, Dios, y su relación con el universo y el ser humano, partiendo desde el Origen Absoluto de Todo Lo Que Es, Todo Lo Que Existe.

- Algo más elaborado,
  Este modelo racional describe a la Unidad Existencial, a la fuente primordial, absoluta, eterna, de la existencia consciente de sí misma, y al proceso de intercambio energético e interacciones entre constelaciones de información por los que la consciencia de la existencia, la Consciencia de la Unidad Existencial o Universal, se sustenta a sí misma.

  El intercambio e interacciones de consciencia de la Unidad Existencial tienen lugar en la estructura TRINIDAD PRIMORDIAL, y de ésta la trinidad humana es individualización a *imagen y semejanza*.

  El proceso de intercambio energético e interacciones es parte de un mecanismo de recreación de sí misma de la Unidad Existencial, por el que se re-energiza y re-estimula su estructura de Consciencia; y de ese mecanismo es parte nuestro universo y la especie humana.

X

Bases del

Modelo Cosmológico Unificado

Resumen del reconocimiento primordial y algunas bases racionales derivadas del reconocimiento y de la fenomenología energética del proceso UNIVERSO que es un sub-proceso o una versión análoga al proceso existencial (FUNCIÓN EXISTENCIAL) que tiene lugar en la Unidad Existencial.

La analogía entre los procesos existencial y UNIVERSO es inherente al *Principio de Armonía* que rige la redistribución energética de la Unidad Existencial.

El *Principio de Armonía* da lugar a todas las componentes temporales del proceso eterno sustentado sobre una presencia eterna, y a las Leyes Universales en nuestro universo.

Armonía no es una teoría; es un principio confirmado no solo en la expresión que da lugar a todas las relaciones causa y efecto de la fenomenología energética en nuestro entorno del proceso existencial sino que se confirma en la constante matemática e, la base de los logaritmos naturales, a cuya naturaleza energética podemos llegar. La constante e es la base de todas las relaciones causa y efecto del proceso existencial.

Debemos prestar atención al origen mecánico del *Principio Primordial de Armonía* que, como Todo Lo Que Es, Todo

Lo Que Existe, se debe a la presencia eterna de la sustancia primordial y su reacción frente a la nada fuera de ella.

La presencia de energía y "energía oscura" (dark matter) en un dominio energético, y de materia y "materia oscura" en otro dominio, es consistente con una *configuración resonante, de interacciones recíprocas* entre dos entidades de un *sistema binario* de una *estructura trinitaria* del hiperespacio multidimensional de naturaleza binaria.

Vamos a reiterar lo siguiente.

Se justifica esta reiteración que luego, una vez más, será parte de las bases del Modelo Cosmológico Unificado; la razón es evidente por sí misma en la afirmación que destacamos a continuación[a].

> **Cualquiera que sea el origen del ser humano, una Creación por un creador, Dios, como creen muchos, o un proceso UNIVERSO como creen otros, o ambos mecanismos, para llegar energéticamente a él hay que ir al instante antes del "disparo" del fenómeno del Big Bang, del evento que dio lugar a nuestro universo y la Tierra.**
>
> **Cruzar la barrera de tiempo y espacio nos conducirá al Origen Absoluto de Todo Lo Que Es, Todo Lo Que Existe; al Origen de Dios, el Universo y el Ser Humano.**

Hay tres aspectos energéticos fundamentales cuyo reconocimiento hay que alcanzar para poder "cruzar" mentalmente el proceso existencial desde donde nos encontramos ahora,

- Presencia del espacio primordial que ya existía antes del "disparo" del Big Bang; espacio primordial del que nuestro espacio es una modulación;
- Sustancia primordial que conforma el *fluído primordial* que

llena la Unidad Existencial; fluído en el que Todo Lo Que Es, Todo Lo Que Existe, se halla inmerso; fluído cuya presencia establece y define el espacio primordial;

- Comportamiento de la sustancia primordial y sus asociaciones en la periferia límite del volumen ocupado por el *fluído primordial* frente a la nada, a la no existencia, al vacío absoluto fuera de la Unidad Existencial. **Este comportamiento es el origen mecánico del proceso existencial.**

Bases de la Teoría de Todo, Teoría Unificada, y del Modelo Cosmológico Unificado Científico-Teológico.

NOTA.
Pueden seguirse los pasos indicados a continuación visitando las Figuras I, II y III para tener una visualización gráfica preliminar.

1. Presencia eterna de la sustancia primordial de la que todo se genera y recrea; fuera de esta presencia nada hay, nada existe, nada se define;

2. La presencia de la sustancia primordial se reconoce,
    21. Por razonamiento transcendental,
        "Nada puede ser creado de la nada";
    22. Implícitamente como el *fluído primordial* cuya dimensión de asociaciones de sus elementos constituyentes en este nivel, en nuestro universo, es el manto energético modelado como la red espacio-tiempo;
    23. Por inferencia a partir de las propiedades topológicas del manto universal;
    24. Por los gradientes de sus distribuciones que generan las entidades que ahora se modelan como *campos de fuerzas primordiales y universales*;
    25. Por los efectos de sus propiedades transferidas a sus a-

sociaciones desde las partículas primordiales hasta la materia en las dimensiones de constelaciones y galaxias; entre ellas la propiedad de isomorfismo de la FUNCIÓN E-XISTENCIAL que se conserva en diferentes formas;

3. Reconocer la naturaleza binaria de la sustancia primordial: volumen infinitesimal de sus elementos y cantidad de rotación inherente a ese volumen,
   "Existencia es sustancia y movimiento (inseparables)";

4. Visualizar la nada absoluta fuera de la sustancia primordial.
   Visualizar el vacío absoluto como una entidad de fricción absolutamente infinita; nuestro "vacío" tiene una transferibilidad infinita (finita pero muy elevada, inmensurable) por ser conformado por una distribución de sustancia primordial con gradientes de rotación y pulsación netas casi nulas en cualquier dirección espacial en entornos reducidos; y por su infinita capacidad de redistribuirse en cualquier dirección espacial a rapidez infinita en esos entornos reducidos;

5. Visualización de la única configuración espacial, geométrica, que puede tomar un volumen de sustancia de naturaleza binaria frente al vacío absoluto, a la nada, a la no existencia fuera del único volumen existencial.
   La única configuración espacial posible natural, la Unidad Existencial, es esférica, cerrada absoluta, eternamente.
   Desde todas las direcciones espaciales fuera del colosal manto u océano de sustancia primordial la fricción es absolutamente infinita, y por lo tanto, igual, lo que resulta en una redistribución espacial esférica de la sustancia primordial.
   La presencia de la sustancia primordial puede comportarse libremente dentro de su propio volumen pues las fricciones infinitas desde todas las direcciones espaciales hacia él se cancelan en el centro del volumen, pero la sustancia primordial no puede dejar la periferia del volumen,

—

"Nada puede transferirse en la nada";

6. El cierre absoluto, eterno, de la Unidad Existencial se ha reconocido, y es expresado mediante el *Principio de Conservación de la Energía:*
"La energía no se crea ni se pierde; sólo se transforma",
luego, el contenedor de la energía eterna es cerrado absoluta, eternamente; el contenedor es al que llamamos Unidad Existencial. Este contenedor existía antes del Big Bang; es obvio e innegable pues de una energía disponible partió el evento Big Bang.
El Big Bang no crea espacio sino que se expande sobre el espacio primordial ya que,
"Nada puede transferirse en la nada".
El Big Bang no crea tiempo pues espacio y tiempo son los dos componentes de la unidad binaria, del elemento de sustancia primordial (luego profundizamos con *cargas primordiales*).
El reconocimiento de la inteligencia previa al Big Bang se confirma exhaustivamente, pero lo dejamos en conexión con el reconocimiento del *Principio Primordial de Armonía*, más adelante;

7. La configuración esférica se confirma en que todas, absolutamente todas las estructuras energéticas reales, cualesquieras que sean sus formas geométricas y sus dimensiones espaciales y temporales, se describen por series de infinitas componentes senoidales que solo pueden originarse en una entidad esférica. Lo veremos mejor en la expresión que da lugar o por el que se expresa el *Principio Primordial de Armonía*.
Una roca es amorfa, pero se conforma por gran número de átomos que son unidades de circulación que en el límite de sus componentes primordiales son rotaciones esféricas perfectas;

8. **Una Unidad Existencial establecida por la presencia de un manto de fluído primordial binario, con una cantidad de**

movimiento inherente que es la suma de todas las rotaciones de sus elementos, se redistribuye o se conforma, inevitable e inescapablemente, como *Unidad de Circulación
Primordial* que tiene un entorno de <u>circulación</u> infinita en
su periferia límite $Z_{LÍM}$ (<u>rotación</u> neta nula sobre $Z_{LÍM}$) y un
entorno de <u>circulación</u> nula en Zn (<u>rotación</u> neta infinita en
Zn, sobre el eje polar de $Z\Phi$), por lo que hay un entorno interno $Z\Phi$ con una <u>circulación</u> media UNO (1) y una rotación media UNO (1) en el hiperanillo $h\Phi$ preferencial ecua-
torial de $Z\Phi$.

De esta configuración, ya sea reconocida primordialmente
o inferida racionalmente, se derivan el Teorema de Stokes
y la Ley de Ampere, sus confirmaciones preliminares.

Los elementos de sustancia primordial son unidades de un volumen límite absoluto de sustancia, y una rotación inherente,
por lo que estos elementos se definen como *unidades de carga primordial* de las que se derivan las cargas eléctricas en
nuestro dominio energético.

La Unidad Existencial es un colosal capacitor de unidades
de cargas binarias y sus asociaciones.

La analogía del *Capacitor Binario* nos permite visualizar las hebras energéticas que conforman la *Unidad de Circulación*;

9. El volumen de sustancia primordial es finito pero absolutamente inalcanzable, excepto por razonamiento; la infinidad del
proceso existencial es eternidad, y la consciencia de sí mismo
del proceso existencial es por re-energización periódica de las
estructuras energéticas de sustancia primordial que necesitan
compararse frente a una referencia absolutamente inmutable,
lo que sólo se logra frente a un espacio cerrado;

10. Reacción de la sustancia primordial y sus asociaciones en
los entornos límites Z_{LIM} y Zn del volumen del colosal manto de
sustancia primordial y sus asociaciones; reacción que genera

las disociaciones y reasociaciones continuas, incesantes, de la sustancia primordial frente a la nada fuera de ella (por un proceso a nuestro alcance). Estas disociaciones y reasociaciones es el origen mecánico de la excitación de todo el volumen, excitación a la que llamamos *pulsación existencial primordial*.

La *pulsación primordial* se redistribuye desde ambos entornos límites, llega a un entorno de convergencia, $Z\Phi$, se asocia y se redistribuye la asociación; y todas estas interacciones generan "olas" de redistribuciones de diferentes dimensiones de asociación y de períodos de redistribuciones; olas que originan las ondas gravitacionales y las "capas de cebolla" que albergan los universos paralelos;

11.   **La redistribución radial de la pulsación primordial sobre la *Unidad de Circulación* origina la configuración del manto u océano de fluído primordial en "capas de cebolla" debido a la naturaleza binaria de la sustancia que conforma el fluído primordial, por una parte, y porque la redistribución va conformando naturalmente una configuración de dos dominios de pulsación con diferentes constantes de tiempo o rapideces de redistribución debido a la geometría esférica, por otra parte;**

12.   La distribución de la *pulsación existencial* tiene lugar con gradientes debido a la única geometría espacial que puede tomar el volumen de sustancia primordial, que es un volumen de *unidades de cargas primordiales* portadoras de energía, de capacidad de tomar y transferir su movimiento primordial, inherente (su rotación);
Energía no es materia prima; es una capacidad inherente a la sustancia primordial y sus asociaciones;

13.   La redistribución de la *pulsación existencial* ocurre sobre dos configuraciones diferentes de distribución espacial de la

sustancia primordial sin asociaciones (sobre las distribuciones "bases" absolutas, a nivel absoluto, que dan lugar a las dos versiones fundamentales de la *Función Exponencial General*). Esas dos configuraciones de redistribuciones de pulsación existencial comienzan en cada entorno límite del volumen de sustancia primordial en los que se genera la *pulsación existencial*, en la superficie límite $Z_{LÍM}$ y en el núcleo Zn de la Unidad Existencial. Las geometrías de esos entornos límites inducen las características particulares de cada configuración de redistribución a las que llamamos sub-dominios energéticos.

Hay una primera distribución desde $Z_{LÍM}$ hacia Zn; es el *campo gravitacional primordial*;

hay una redistribución desde Zn hacia la periferia $Z_{LÍM}$ con otra densidad de asociación de sustancia primordial y pulsación; es el *campo de inducción primordial*;

14. La convergencia de estos dos campos, de las redistribuciones de los dos sub-dominios de pulsación del manto de sustancia primordial, del fluído primordial, y sus interacciones, generan la estructura TRINITARIA PRIMORDIAL de la Unidad Existencial.

La convergencia ocurre alrededor de un entorno medio al que ya hemos llamado *hipersuperficie de convergencia energética* de la Unidad Existencial, ZΦ, al reconocer la configuración de distribución de la sustancia primordial binaria como *Unidad de Circulación* (punto 8);

Destacamos que,

> **Los dos dominios de redistribuciones de la *pulsación existencial* se "intersectan", o convergen e interactúan, en un entorno de convergencia que define el <u>dominio material de la Unidad Existencial</u>;**

15.   La configuración de redistribución de la sustancia primordial y sus asociaciones es la configuración espacio-tiempo que
define las infinitas versiones de la *Función de Distribución Primordial (o Ley de Evolución del Proceso Existencial)* a la que
definimos matemáticamente como *Función Exponencial General*;

> **todo lo que existe, cualquiera sea su configuración
> espacial donde se encuentre, es una asociación e-
> nergética que se formó y evoluciona siguiendo algu-
> na versión o colección de versiones de la función ex-
> ponencial natural, de la "espiral" natural;
> (ver más adelante la constante matemática e);**

16.   Hay una relación que se establece por la convergencia de
todas las redistribuciones de los dos dominios de asociaciones
de sustancia primordial que tienen lugar sobre la distribución
de fluído primordial (sobre los *campos de gravitación e inducción primordiales*);

**es la Relación Armónica Primordial que se define racio-
nalmente como el *Principio de Armonía* que rige las composiciones e interacciones entre todos los componentes
de la Unidad Existencial;**

> **La Relación Armónica Primordial es inherente a la
> configuración natural de redistribuciones e interac-
> ciones entre todos los componentes de la Unidad E-
> xistencial.**

Nos ocuparemos particularmente de este principio en la sección XI;

17.   **La Relación Armónica Primordial es la que tiene lugar,
naturalmente, sobre las componentes temporales por las
que se define y sustenta el proceso eterno;**

18. **El proceso eterno es un proceso periódico indefinido, inacabable; es una sucesión de sub-procesos que se describe racional, matemáticamente, por una** *serie binaria* **para un hiperespacio multidimensional de naturaleza binaria;**

19. Las componentes temporales son las que conforman los ciclos de recreación de las unidades de inteligencia por cuyas interacciones se sustenta la Consciencia Universal. Estos ciclos de recreación de las unidades de vida tienen lugar durante los semiciclos de excitación de los entornos que sustentan las formas de vida, luego de los semiciclos de re-energización de las componentes temporales de la Unidad Binaria dentro de la Unidad Existencial;

20. El *Principio de Armonía* da lugar a nuestras Leyes Universales;

21. *La Relación Armónica Primordial* que se describe como *Principio de Armonía* tiene su versión en nuestro dominio material en la *Serie de Fourier;*

22. La *Serie de Fourier* describe un proceso o una estructura eterna por una suma de infinitas componentes temporales;
(ver algo más adelante la *constante matemática* $\underline{e}$);

23. **La** *Serie de Fourier* **se describe sobre un entorno de convergencia de un espacio sobre el que puede tener lugar;**

231. El entorno de convergencia energética de la Unidad Existencial es el entorno alrededor del cuál se establece y define la TRINIDAD PRIMORDIAL;

232. La TRINIDAD PRIMORDIAL sustenta la redistribución energética que define al *Sistema Termodinámico Primordial* del que nuestro universo es componente.
La TRINIDAD PRIMORDIAL es la estructura sobre la que

---

tienen lugar las interacciones que sustentan la Consciencia Universal;

El estado de sentirse bien es el estado de consciencia primordial del proceso existencial; es el estado inicial de todas sus manifestaciones temporales;

este estado primordial es la consciencia de la convergencia en armonía de todas las componentes temporales de la estructura de Consciencia Universal.

Esta convergencia armónica puede ser descripta matemáticamente como lo hemos hecho para versiones muy simples en nuestras aplicaciones análogas en el sub-espectro electromagnético (ELM); por estas aplicaciones de los sistemas resonantes en los sistemas electrónicos de los equipos industriales, de comunicaciones y control, puede entenderse energéticamente la convergencia de dominios de asociaciones de sustancia primordial y de *unidades de cargas primordiales* en las estructuras LC (inductores y capacitores) que covergen a resistores R sobre los que interactúan los dominios análogos a D_1 y D_2 (L y C respectivamente) siendo R la estructura análoga a la de circulación k de la Unidad Existencial;

24. **Los componentes temporales de la Unidad Existencial conforman la estructura de <u>intermodulación del manto de fluído primordial</u>, del manto de sustancia primordial sin asociaciones; esta intermodulación tiene dos componentes: uno visible y otro no visible (materia y materia "oscura") [y de energía detectable y energía no detectable (energía "oscura" o dark energy)];**

25. Conforme al *Principio de Armonía* cuya versión en el dominio material es la *Serie de Fourier*, tenemos una <u>componente espacial continua</u>, constante absoluta, eterna, de la distribución de la rotación de los elementos de sustancia primordial, sobre

la que se generan las <u>componentes temporales</u> de rotación y las asociaciones de sustancia que resultan en las partículas primordiales y sus múltiples diferentes generaciones, hasta las hiper galaxias o universos;

La componente continua es la que se representa en nuestro espacio de referencia por la hipersuperficie ZΦ de convergencia energética;

(Ver más adelante proceso UNIVERSO);

(ver más adelante Temperatura Absoluta);

26. **La componente de mayor frecuencia de pulsación de rotación de los elementos del manto de fluído primordial es la que induce la vinculación entre todas las asociaciones de sustancia primordial en sus diferentes dimensiones de asociación; es la que genera el *campo gravitatorio primordial (GRA);* <u>esta componente de rotación primordial es parte de todas las asociaciones</u>, y su pulsación "permea" todas las asociaciones;**

    la componente de mayor frecuencia de pulsación es la que se genera en $Z_{LÍM}$;

    es la *fuerza de amor* en la estructura de interacciones que sustenta la Consciencia Universal. Todos los campos de fuerzas son modulaciones sobre este primordial;

27. La componente de menor frecuencia de pulsación de rotación es la que genera el *campo de inducción primordial (IND)*; es la componente que se genera en Zn;

    es la *fuerza de temor* en la estructura de interacciones que sustenta la Consciencia Universal;

28. **La componente de *inducción primordial (IND)* es la que genera la redistribución espacial que da lugar al fenómeno que se conoce como "hueco negro" (black hole);**

29. ¡ATENCIÓN!

La componente de frecuencia media de los elementos del manto energético es la componente sobre la que estamos montados en nuestro universo; pero el manto todo tiene una frecuencia de pulsación entre dos estados energéticos (densidad de intermodulación) que define el período de redistribución energética de nuestro universo que es componente de la Unidad Binaria de Circulación de la Unidad Existencial;

esta componente de pulsación del manto es la armónica fundamental de la Serie de Fourier que describe a la Unidad Existencial o a su estructura de circulación;

30. **La configuración de distribución de la sustancia primordial y sus asociaciones, todas, es la *Unidad de Circulación*, es el *Sistema Termodinámico Primordial;***

31. Destacamos que la configuración de distribución de la sustancia primordial es una estructura trinitaria resonante natural; la Unidad Existencial es el *Sistema Armónico Primordial*.

   En cambio, la estructura de Consciencia Universal es un arreglo de dos entidades trinitarias interactuando inmersas en un manto energético; es decir, la estructura de Consciencia Universal tiene siete dimensiones energéticas. Esta estructura es la que se estimuló desde la Consciencia Universal por la orientación en la antiguedad,

   « Y Dios creó el universo en siete días... »,

   No hubo creación sino recreación; Dios, Consciencia Universal, no se refería a siete días sino a siete dimensiones.

   La estimulación tuvo lugar, como todas y como siempre, a través de la intermodulación del manto energético universal[Ref.(A).4].

   Como ya adelantamos al inicio de este resumen,

   la presencia de energía y "energía oscura" (dark matter) en un dominio energético, y de materia y "materia oscura" en otro dominio, es consistente con una *configuración reso-*

nante, de interacciones recíprocas entre dos entidades de un *sistema binario* de una *estructura trinitaria* del hiperespacio multidimensional de naturaleza binaria;

32.   El *Sistema Resonante Primordial* inherente a la estructura TRINITARIA PRIMORDIAL de la Unidad Existencial tiene sus dos componentes de interacciones recíprocas dadas por las interacciones entre dos entornos de pulsación que tienen configuraciones espaciales y constantes de tiempo diferentes; debido a esas diferencias, un entorno de convergencia de un dominio de pulsación tiene lugar a expensas de la divergencia de otro entorno de pulsación hasta que se alcanza un intercambio recíproco en otro dominio de pulsación que genera la reversión del proceso;

33.   **CONSTANTE MATEMÁTICA e.**
La base de la *Función de Distribución Primordial o función patrón primordial*, la función exponencial de base e, es el valor límite de una serie binaria en el espacio de referencia matemático que representa a una hebra energética real de la Unidad Existencial;
es el valor límite de las interacciones en una distribución de unidades de circulación, o de asociaciones de sustancia primordial de un sistema binario, inmersa en un manto de fluído primordial uniforme que sólo tiene lugar en el hiperanillo hΦ de ZΦ;

34.   Los átomos en la Tierra son versiones de las unidades de circulación o células energéticas primordiales;

35.   Los electrones son las partículas de convergencia de la Unidad Existencial;

36.   Las moléculas de vida en la Tierra, moléculas ADN, son versiones de las moléculas de vida primordial;

37.   Las diferentes "capas de cebolla" contienen diferentes colectividades o universos de vida;

38.   El proceso UNIVERSO (nuestro universo),
es resultado de la resonancia natural de la Unidad Existencial;

39.   El sistema binario [Alfa-Omega] interactuante en el dominio material (en el hiperanillo hΦ) interactúa, a su vez, recíprocamente con el sistema binario polar de ZΦ (POLO NORTE-POLO SUR);
Esta interacción primordial, natural, es la que genera la componente alterna sobre la que están "montados" nuestro universo, la hiper galaxia Alfa, y el otro universo, la hiper galaxia Omega; una nuclearización se expande a expensas de la contracción de otra; como ya indicamos, esta componente alterna [Alfa-Omega] de mayor período es la armónica fundamental de la *Serie de Fourier*;

40.   **Nuestro universo está "montado" sobre la componente fundamental (sobre la primera armónica) de la *Serie de Fourier* que describe a la Unidad Existencial, y por lo tanto, <u>toda evolución energética en las estructuras de nuestro universo, galaxias y sistemas estelares y planetarios, es hacia esta componente de referencia del proceso UNIVERSO</u>;**
(ver Temperatura Absoluta más adelante);

41.   Como ya adelantamos, la Unidad Existencial, teniendo un volumen de cargas primordiales redistribuyéndose sobre una estructura TRINITARIA PRIMORDIAL, da lugar a versiones análogas en nuestro dominio.
La versión más simple de la Unidad Existencial es un *Capacitor Binario* en una configuración multidimensional de cargas primordiales.

Los sistemas resonantes RLC (resistor de resistencia R; inductor de inductancia L; capacitor de capacitancia C) en el sub-espectro electromagnético (ELM) son versiones del *Sistema Armónico Primordial*;

42.   Los sistemas resonantes RLC tienen un arreglo análogo a uno de los "universos", es el conjunto de elementos R, L y C, y el otro "universo" lo da el procesador (amplificador) a expensas de una fuente de pulsación continua, V_{CC}; ambos son recíprocos, inversos, debido a la realimentación negativa del sistema RLC al amplificador; y el sistema se encuentra sobre una componente continua, constante, dada por la caída de potencial sobre una resistencia de carga R_L; la expansión y contracción del potencial sobre R_L se hace gracias al suministro de cargas de V_{CC} y la expansión y contracción de cargas del inductor L y del capacitor C, (R es la componente resistiva inevitable del capacitor y del inductor);

¡ADVERTENCIA PARA LA TIERRA!
El control de redistribución energética del planeta es control de resonancia de la estructura trinitaria de nuestro planeta;
La resonancia depende de lo que se extrae del dominio interno del planeta (que es el componente análogo al inductor L), fundamentalmente de los hidrocarburos.**
Los sistemas RLC resonantes en paralelo deben tener la resistencia de carga R_L (que es la superficie de la Tierra en esta analogía) del mayor valor posible, algo que se va disminuyendo en la Tierra por la actividad humana;

43.   El arreglo de control de la Unidad Existencial y todas las nuclearizaciones universales es inherente a la configuración de redistribución de la *pulsación existencial*, inherente a la estructura de la TRINIDAD PRIMORDIAL; este arreglo tiene relaciones naturales que se transfieren a todas sus versiones locales,

y que <u>son las condiciones de cierre</u>, o <u>de resonancia</u>, en nuestras aplicaciones resonantes RLC en paralelo (en un volumen) y RLC en serie (en un hiperanillo);

44.   La hipersuperficie de convergencia ZΦ de los dos dominios de pulsaciones es la referencia espacial y energética absoluta del proceso de redistribuciones energéticas del *Sistema Termodinámico Primordial* y de las interacciones que sustentan la Consciencia Universal que tiene lugar en el entorno de ella;

45.   La inteligencia del proceso existencial es inherente a la configuración espacio-tiempo de redistribución del manto energético y las estructuras inmersas en él;

46.   **TEMPERATURA ABSOLUTA.**
Como *Sistema Termodinámico Primordial*, la componente continua de la descripción espacio-tiempo de la Unidad Existencial (de la *Serie de Fourier*) es la componente a la que ahora se toma como Temperatura Absoluta de Cero Grado Kelvin.

¡ATENCIÓN!
El reconocimiento de la estructura binaria de la Unidad Existencial de la que nuestro universo es uno de sus componentes permite resolver la aparente irreconciliación entre el *Principio de Conservación de la Energía* (un reconocimiento de la eternidad) y la *Segunda Ley de la Termodinámica.* La Temperatura Absoluta de cero grado Kelvin es la temperatura del valor medio del manto energético primordial cuando se redefine temperatura como una indicación de la *relación de circulación a rotación* del entorno u objeto explorado[Ref.(A).1];

47.   **La información energética que recibimos desde el lejano universo no es en tiempo real;**

48.   La velocidad de la luz es "constante" sólo en el entorno de convergencia energética a todo lo largo del hiperanillo preferencial de la hipersuperficie de convergencia $Z\Phi$ y en sus alrededores radiales.

(a)
Desde esta sección se inicia el libro *La Teoría de Todo* que cubre la introducción del Modelo Cosmológico Unificado para Ciencia y Teología.

Una breve introducción al
Principio Primordial
que rige el proceso existencial consciente de sí mismo,

a partir de la presencia eterna de una fuente,
Origen Absoluto
del que todo se genera y recrea

El Principio Primordial es la expresión racional del *marco de referencia primordial* del proceso existencial consciente de sí mismo; principio absolutamente válido para todos los seres humanos, independientemente del ambiente cultural en el que han desarrollado sus identidades temporales y de sus limitaciones y condicionamientos. Es el principio que permite formular y confirmar la Teoría de Todo que busca la Ciencia; y alcanzar y entender la estructura energética de la TRINIDAD PRIMORDIAL que reconoce la Teología Cristiana; y llegar a la naturaleza y configuración energética de la estructura de la Consciencia Universal y su componente eterno, inmutable, que se reconoce como Espíritu de Vida por todas las civilizaciones de seres conscientes de sí mismos del universo, no sólo los de la Tierra.

XI

Armonía

Principio Primordial

Concepto primordial es un pensamiento original que surge en la mente; es una idea cuyo reconocimiento precede[a] al proceso racional y sirve de referencia para el desarrollo de éste para resolver algo que le dio lugar al concepto, que motivó su aparición en la mente del receptor;

Concepto primordial es un pensamiento que surge por primera vez en la mente virgen de la especie humana a través de la mente de un individuo en particular que ya estaba listo para recibirlo, para reconocerlo a través de la intermodulación del manto energético[Ref. (A). 4].

No vamos a profundizar en esto; sólo vamos a agregar que el concepto primordial original en la especie humana no se crea, no es concebido por la estructura de identidad cultural temporal del ser humano, sino que es un pensamiento primordial contenido en la estructura de Consciencia Universal, en la intermodulación del manto energético universal, en su red espacio-tiempo. Este pensamiento se "pesca", se reconoce por la mente del individuo cuyo proceso racional está siendo llevado a cabo en armonía con el proceso existencial que, precisamente, origina y contiene el pensamiento primordial como parte de su estructura y de su pulsación por la que estimula a todo el universo[Refs. (A). 3 y 4].

Un concepto primordial se describe como *Principio Primordial*, como referencia absoluta[b] que rige el proceso existencial para alcanzar o resolver el aspecto que le dio lugar; o, como veremos luego, que da lugar a un comportamiento universal al que todo lo que es, todo lo que existe, tiene que subordinarse naturalmente en un nivel de consciencia (o inducido "obligatoriamente" por falta de ella, tal como ocurre con las manifestaciones de vida vegetal y animal). Por consciencia, por entendimiento de que ese comportamiento es el natural, es el que mantiene el *estado de sentirse bien* del individuo de la especie que ya se reconoce a sí misma.

Armonía es uno de esos conceptos primordiales.

Siendo *armonía* un concepto primordial, su aplicación práctica se alcanza intuitivamente por nuestra estructura de consciencia, en cualquier nivel de desarrollo de la capacidad racional que se reconoce a sí misma, porque nuestra estructura de consciencia no reside en nuestro cuerpo, en nuestro arreglo biológico, sino que es un sub-espectro[Ref.(A).4] de la estructura de Consciencia Universal de la que proviene el concepto de *armonía*.

Armonía es la característica de composición y distribución de las partes y de sus interacciones por las que se define una unidad existencial con identidad propia frente al resto de la existencia.

Armonía es la característica de composición y distribución de las partes y de sus interacciones de manera que la asociación de las partes (de los individuos de la especie humana en el caso de una asociación humana) se establezca y sustente, proveyendo los recursos necesarios para que cada parte (cada individuo) de la asociación mantenga su individualidad (y experimente la creación que desea) sin afectar a las demás.

Toda unidad existencial se sustenta por las interacciones entre sus partes.

De manera más simple, entonces, la característica de las interacciones entre los componentes que definen una unidad, interacciones por las que sustenta su integridad frente al resto de la existencia, es armonía.

Veamos algo más de armonía antes de ir al aspecto energético primordial, a la característica natural, inherente al proceso existencial, que reconocemos como armonía y se constituye, una vez reconocido adecuadamente, en el Principio Primordial por el que se rigen las recreaciones de sí misma de la Unidad Existencial y las interacciones entre las unidades de inteligencia de la Consciencia Universal.

Armonía entre dos procesos energéticos, entre dos seres humanos, entre un ser humano y una asociación de seres humanos, o entre un ser humano y el universo, es simplemente la concertación de esfuerzos físicos y racionales, operaciones e interacciones, para alcanzar el resultado común deseado.

Veamos para la armonía en la interacción humana.

La paz entre los seres humanos y sus asociaciones no es el objetivo sino el resultado, es la experiencia que indica que el objetivo natural fundamental de las asociaciones, relaciones e interacciones humanas ha sido alcanzado.

El objetivo natural fundamental de las asociaciones, relaciones e interacciones humanas es estimular y sustentar la realización individual dentro de la unidad de asociación.

Este objetivo se logra por la armonía, que es la relación adecuada entre todos los individuos de la asociación por la que se garantiza el disfrute de los derechos naturales a todos y se proveen las mismas oportunidades a todos para realizarse conforme a sus individualidades. El propósito del proceso ORIGEN, de Dios o del universo, en el que creamos, es que el ser humano, su *individualización a Su imagen y semejanza*, alcance la consciencia a la que está esperado alcanzar: la consciencia de Dios, de la Realidad Absoluta, para lograr su realización plena en el proceso existencial, ¡disfrutando de él!

Analogías de armonía.

Veamos las siguientes analogías de *armonía de una unidad existencial.*

Notemos una vez más que,

Armonía es una característica inherente a toda unidad existencial; es la característica por la que debe regirse toda asociación de partes existenciales para constituírse en una nueva unidad *sin que se pierdan las identidades o individualidades de las partes.*

Tenemos un concierto musical.

Hay una banda musical.

Esta banda es ahora la unidad existencial bajo observación.

La banda tiene varios músicos.

Cada músico es un elemento, una unidad de la banda, una unidad de la Unidad, o una sub-unidad de la Unidad.

Cada músico toca su propio instrumento sin afectar a otro, de manera que todo sea armónico, que todo se relacione adecuadamente para conformar una pieza musical que agrade.

La relación entre sí por la que todos ejecutan sus instrumentos es armónica.

Hay armonía entre los músicos, y hay armonía entre las creaciones de cada uno, los sonidos, para conformar la música, la pieza musical de esa banda.

Frente al público, *la banda es una nueva unidad que se define gracias a las individualidades de sus músicos que pueden realizarse a sí mismos individualmente y como asociación.*

Tenemos ahora un trozo de acero, una asociación de átomos de hierro y carbono.

La unidad existencial es eso, un trozo de acero, definido por la asociación armónica entre los átomos de hierro y carbono.

Si hay cambios de temperatura ambiente, de presión, o fuerzas sobre el trozo de acero, todo dentro de él se redistribuye e interactúa para mantener la unidad, el trozo de acero;

---

cambiarán las rapideces de las órbitas de los electrones en los átomos de hierro que son diferentes a los de carbono, y cambiarán las presiones internas que son diferentes a las de la superficie; pero todo se conservará manteniendo la unidad (dentro de ciertos límites).

Esa relación entre todos los componentes, átomos, es una *relación de armonía para definir la unidad "trozo de acero"*.

Frente a los demás metales, el acero se "realiza" a sí mismo, exhibe características únicas como un nuevo material, gracias a la relación armónica entre todas sus partes componentes <u>que no pierden sus identidades</u> como átomos. Si algo cambia que afecte a la unidad, el cambio debe ser coordinadamente distribuído entre sus dos elementos diferentes, los componentes hierro y carbono, y el manto energético en el que se halla inmerso el acero, la atmósfera.

"Cuando hay armonía me siento bien".
Es lo que usualmente decimos.

Como ya mencionamos, armonía es un concepto primordial que se entiende intuitivamente, que prácticamente no requiere de explicaciones racionales.

La belleza de una flor es la experiencia en el ser humano de la armonía entre los elementos que definen a la flor, de la armonía entre la distribución energética biológica, de átomos, moléculas, células, y el proceso de sus interacciones entre sí y con el medio ambiente, todo por lo cual es que se define la flor.

De la misma manera,

El estado de sentirse bien es la expresión de la armonía en el proceso racional SER HUMANO que se reconoce a sí mismo.

Podemos no entender energéticamente a la armonía, pero experimentamos armonía en la paz. La experiencia contiene siempre la verdad que buscamos; pero las interpretaciones racionales limitadas por sus referencias equivocadas por las que se rige el proceso racional y, o la influencia de las prácticas culturales, son las causas de las distorsiones de las interpretaciones de nuestras propias experiencias de la especie humana en la Tierra.

Notar que en todos los casos, rápidamente visible en el caso de una flor, no solo tiene que ser armónica la interacción entre todos los componentes de la asociación, sino también armónica la interacción de ésta con el medio energético en el que ella se halla inmersa y que es el que realmente permite que tenga lugar esa asociación, esa nueva unidad existencial.

De igual manera se hace real el concepto de armonía primordial en el ser humano.

El ser humano es una colección extraordinaria de diversos átomos que interactúan en armonía entre ellos para definir a esa colección como proceso SER HUMANO; y en armonía todos ellos con el manto energético en el que nos hallamos inmersos, con el manto del proceso existencial; es decir, ¡en armonía con Dios!

El ser humano es parte inseparable del proceso existencial del que proviene, en el que se encuentra inmerso y con el que interactúa permanentemente, y por lo tanto, también debe regirse por la armonía, mejor dicho, actuar en armonía con TODO LO QUE ES, TODO LO QUE EXISTE... con Dios.

Sufrimientos e infelicidades son experiencias indicadoras de la falta de armonía[Refs.(A).2, 3; (C).1] entre los procesos SER HUMANO y ORIGEN, Dios.

Preparación para llegar a la expresión matemática y entenderla.

Armonía es la característica primordial de las interacciones entre todos los componentes que conforman la Unidad Existencial.

La característica primordial es que hay una relación inseparable, interdependiente, inevitable, inescapable, entre todos y cada uno de los elementos existenciales y sus re-distribuciones.

Armonía es el Principio Absoluto del proceso existencial consciente de sí mismo por el que cada componente alcanza su estado natural, que en el caso del ser humano es el estado de sentirse bien siempre, es la experiencia del estado permanente en armonía con el proceso existencial [no es felicidad pues felicidad, la contentura, el desborde con respecto a un estado medio (el de sentirse bien) es un estado transitorio; es un estado de resonancia (de exuberancia) de la estructura de identidad cultural temporal[Ref.(A).3]].

Cada parte del proceso existencial tiene funcionalmente una misión, una asignación única, particular, en la Unidad Existencial; es parte inseparable de la Unidad Existencial; sirve perfectamente al proceso sustentado por la Unidad Existencial que es perfecto gracias a la suma, a la integral de todas sus partes sin excepción. Sólo es perfecta la Unidad Existencial, y es perfecta la misión de cada parte de la asociación que la define.

Por ello es que,

Si el ser humano necesitara ser modificado genéticamente, entonces el proceso del que proviene, Dios, sería imperfecto. Si alguna duda abrigáramos acerca de la perfección del proceso existencial, podríamos preguntarnos: ¿es que acaso puede ser imperfecto un proceso consciente de sí mismo eternamente?

La suma de "imperfecciones" temporales hace a la Perfección Eterna.

La perfección eterna es matemáticamente expresada por las herramientas racionales Serie y Transformada de Fourier que se emplean extensamente en ciencias.

Una vez que el ser humano está en armonía con el proceso existencial, en el que se halla inmerso y del que es parte inseparable, puede acceder a otros niveles de consciencia del proceso del que proviene, con el que interactúa constantemente, y por el que se sustenta su desarrollo.

Ahora sí, vamos al origen del Principio de Armonía en la Unidad Existencial.

Caos, "sopa" de información.

Origen de Armonía, del Principio Primordial del proceso de redistribución energética en la Unidad Existencial, por el que se rigen sus recreaciones de sí misma, y sus interacciones por las que se sustenta la Consciencia Universal, Dios.

Armonía es el origen de las Leyes Universales.

Vamos a decir algo con respecto a las componentes portadoras de un sistema intermodulado, y enseguida daremos unas analogías.

El manto energético universal es un sistema intermodulado.

Que el manto energético universal sea intermodulado significa que distribuciones de partículas del mismo se asocian definiendo nuevas unidades, las que a su vez interactúan intercambiando energía e información entre ellas y entre el resto del manto energético.

Visto desde afuera, un sistema intermodulado se ve como una gran "sopa" de partículas, sin inteligencia, sin información particular entre conjuntos de partículas; sin embargo, la hay; hay grupos de partículas, asociaciones que tienen inteligencia, información relacionada al proceso existencial todo y capacidad de interactuar inherente a su arreglo, asociación. Esas asociaciones tienen una variable en particular, una frecuencia de pulsación muy elevada que es común a todos sus elementos, a todas las partículas cuya asociación define una nueva frecuencia de pulsación que también es común a todas las partículas y resulta de las asociaciones de frecuencias de todos los componentes individuales. Este proceso de asociación de frecuencias es como el que nosotros hacemos con los conjuntos de números fraccionarios, muy, pero muy primitivamente en los procesos de determinar mínimos comunes denominadores en ellos. Tengamos en cuenta que un conjunto de números fraccionarios es un conjunto de entidades binarias; cada número fraccionario se define por dos elementos que pueden tomar infinitos valores individuales pero conservando la relación que define al número fraccionario. Por ejemplo, el número fraccionario (1/3) es igual a (6/18), (24/72), y así indefinidamente. Si estos números representaran frecuencias de partículas, (1/3) representa la frecuencia de la entidad o del conjunto de partículas de frecuencia 72 que se asocian dando lugar a sub-conjuntos con esa relación. Otras partículas de frecuencia 72 no son parte de esta unidad o conjunto si están asociadas en grupos con relaciones diferentes tales como (2/72) o (4/72), pero <u>todos los grupos diferentes formados por partículas de frecuencia 72 son parte de, y soportados por un gran manto de partículas de frecuencia 72</u>.

En el caso anterior, 72 es una *frecuencia portadora*, que ya veremos enseguida, y (1/3) es la relación que define a una información dada por el conjunto de sub-conjuntos de 72 (6/18 y 24/72) que cumplen con esa relación entre ellos.

Ahora bien.

Un sistema intermodulado es nuestra atmósfera, que contiene todas las modulaciones simultáneas que resultan de todos nuestros sistemas de comunicaciones y control.

Visto desde afuera, sin un decodificador, sin un demodulador, la "sopa" de información que hay en la atmósfera no tiene nada útil para nosotros.

Para interactuar con la información de la "sopa" de información presente en la atmósfera necesitamos y construímos un receptor-transmisor.

Este receptor-transmisor tiene que tener el mismo protocolo de interacción que el de la fuente que envió esa información a la atmósfera (por ejemplo, las estaciones de radio y televisión). Es decir, tiene que haber una armonía entre los sistemas interactuantes, entre los transmisores de ondas electromagnéticas moduladas con información y los receptores. Esta armonía se establece por las características de modulación y demodulación (su función inversa) sobre una *frecuencia portadora*, sobre la frecuencia que constituye la "identificación común" de la fuente transmisora y del receptor.

La *frecuencia portadora* es una frecuencia muy elevada que se modula con la información que deseamos transferir a través de la atmósfera o del "vacío" del espacio fuera de la Tierra (recordar que nunca hay vacío sino ausencia de materia en nuestra dimensión energética).

La *frecuencia portadora* define, individualiza por su frecuencia a los componentes de una hebra energética real de partículas sobre la que se superpone información en el tiempo, en la secuencia de emisión o transferencia a la atmósfera o manto energético.

Es decir, la hebra energética es la estructura de información elemental compuesta por una sucesión de cambios de frecuencias de partículas en esa dirección que tienen la *frecuencia portadora* como frecuencia de base, frecuencia media alrededor de la cuál se producen los cambios de cada elemento de la hebra.

Más simplemente aún.

Supongamos una hebra, una línea de partículas alineadas, partículas que tienen una frecuencia de 1000 herz (mil ciclos por segundo) por decir algo (no es real este rango de frecuencias). Si a medida que sobre la antena del transmisor "liberamos una nueva partícula", es decir, por el procesamiento del equipo electrónico generamos un cambio en la sucesión de partículas que forma la hebra energética en el tiempo que va a la antena, y cada partícula de la sucesión continua tiene un cambio de frecuencia entre 0 y 20 ciclos por segundo con respecto a la base 1000 (a la portadora de 1000 herz) tenemos una hebra de cambios de frecuencias entre 980 y 1020 herz siendo puesta en la antena y que por inducción es transferida a la atmósfera. Todo receptor en otra parte de la atmósfera que esté sintonizado a 1000 herz va a reconocer y recuperar esa señal de cambios; y si tiene el decodificador adecuado, va a "leer" e interpretar la información codificada en esos cambios entre 980 y 1020 herz alrededor de 1000 herz.

Tenemos entonces que la *frecuencia portadora* es la que identifica a la hebra, a la estructura energética de información presente en la "sopa" de intermodulación de nuestra atmósfera.

Tenemos un sub-espectro de información alrededor de cada portadora, que en este ejemplo no real es el sub-espectro de 980 a 1020 herz, sub-espectro de 40 herz [(±) 20 herz alrededor de la portadora de 1000 herz]. Además de cada sub-espectro de 40 herz tenemos que hay una infinidad de maneras de arreglar las combinaciones de los cambios de frecuencias dentro de ese sub-espectro, combinaciones que definen a cada arreglo de información.

Notemos lo siguiente.

Lo que modulamos a 1000 herz es una distribución de electrones, una distribución de partículas que al final resulta ser una distribución sobre una superficie, la de la antena; la antena es una hipersuperficie energética, una superficie con capacidad de modular el manto energético en el que se encuentra presente (la atmósfera en nuestro caso de la Tierra).

Esa distribución de electrones es la entidad energética que se transfiere al espacio, con una capacidad de modular conforme a su tamaño (dado por la potencia de transmisión, por la cantidad de electrones partes de este proceso de modulación en el transmisor).

La *frecuencia portadora* de transmisión es la frecuencia común

de esa <u>distribución de electrones</u> (los electrones son las partículas de frecuencia 72 en el ejemplo de números fraccionarios).

**La distribución de electrones final es una superficie de e-
lectrones (la antena).**

La *frecuencia portadora* puede lucir muy elevada para nosotros, pero es muy baja en comparación con la frecuencia natural
de los electrones, por lo que es posible poner una "sopa" de innumerables portadoras (con un universo de información asociado a
cada portadora) en una distribución de electrones en el espacio.

Yendo ahora a la Unidad Existencial.

**Las hipersuperficies de modulación del hiperespacio de la
Unidad Existencial son las "capas de cebolla" Z's bajo las
que se configura la redistribución del manto energético primordial (revisitar las Figuras I y II). Esa redistribución es cau-
sada por las "olas" u ondas que a su vez resultan de las redistribuciones de la pulsación primordial generada por la disociación y reasociación de las partículas primordiales en los
entornos límites de la Unidad Existencial, en la hipersuperficie periférica $Z_{LÍM}$ y en el núcleo Zn.**

Cada galaxia es una distribución que modula la "capa de cebolla" en la que se encuentra; cada manto galáctico es modulado a
su vez por cada sistema estelar, y estos son modulados por los
planetas, particularmente con los que permiten y sustentan manifestaciones de vida[Ref.(A).1].

Así como en nuestra atmósfera hay una frecuencia común a
todas las portadoras de nuestros sistemas de comunicaciones (es
la frecuencia natural de los electrones) en el manto primordial hay
una frecuencia común de un nivel de partícula primordial que es
la frecuencia de los componentes del *campo primordial* por el que
se mantiene todo unido; es el campo sobre el que se modula todo
lo que es, todo lo que existe. Este campo es el *campo del amor*
en la estructura de interacciones que sustentan la Consciencia U-
niversal, interacciones que tienen lugar en la TRINIDAD PRIMOR-
DIAL. La componente continua, inmutable, eterna de la TRINI-

DAD PRIMORDIAL, de las interacciones que allí ocurren y sustentan la Consciencia Universal, es la que reconocemos como Espíritu de Vida, componente que resulta matemáticamente "visible" y más alcanzable racionalmente en la expresión matemática a la que nos referiremos más adelante.

Reconocimiento del Principio Primordial de Armonía en la Unidad Existencial.

Antes de describir el reconocimiento del Principio Primordial de Armonía como inherente a la configuración de la distribución de la sustancia primordial y sus asociaciones en la Unidad Existencial veamos la siguiente pregunta.

Para todos,
¿cómo llegamos a describir la Unidad Existencial por un número infinito de componentes temporales?
Para quienes están en ciencias es relativamente simple reconocer la expresión que describe una unidad eterna por una serie de infinitos componentes temporales.

Esta descripción es por medio de una *Serie de Fourier*.

La Serie de Fourier **de naturaleza binaria describe un proceso energético o una estructura eterna por una suma de infinitas componentes temporales**[c].

Esta descripción viene siendo sido exhaustivamente confirmada por la comunidad científica en nuestras aplicaciones que se derivan de la fenomenología energética universal.

No vamos a entrar en esta serie matemática.

Los científicos saben de qué estamos hablando, de modo que para todos es mejor explorar la parte conceptual que luego da origen a esa serie, a la descripción de toda unidad existencial por sus componentes temporales, incluso la descripción de la Unidad Existencial eterna de donde proviene todo (matemáticas también).

Otra breve introducción matemática al alcance de todos se o-
frece en la referencia (A).1, sección XVI, página 120.

Para todos, vamos a comenzar con una roca.

Una roca es nuestro objeto de atención ahora.

Esta roca es nuestra unidad existencial en exploración.

Unidad existencial significa que es una entidad energética con
identidad propia frente a todo el resto del entorno universal que
alcanzamos con nuestros sentidos.

La roca es nuestra UNIDAD ahora; es nuestro UNO (1).

Esta UNIDAD está compuesta de un inmensurable número de
partículas primordiales y sus asociaciones: electrones y núcleos;
y la asociaciones de núcleos y electrones: los átomos, moléculas
y células energéticas (cristales) de diferentes elementos, princi-
palmente silicio y algunos diferentes elementos como hierro, cal-
cio, cobre, agua, carbono, en diferentes cantidades que les dan a
cada roca una individualidad única.

**Nuestra UNIDAD está conformada, entonces, por un fan-
tástico número de unidades de circulación, de núcleos con
partículas orbitales que en el límite son unidades de rotación,
son *unidades de cargas primordiales*, unidades de un volumen infinitesimal rayano en la nulidad y una cantidad de rotación inmensurable, fantásticamente elevada.**

Conceptualmente visualizamos que la asociación de todas las
infinitas (por innumerables) unidades de circulación contenidas en
la roca resultaron en ella, en la roca, en la UNIDAD.

Lo que hace la ciencia, luego, es describir matemáticamente a
la UNIDAD como la suma, la integración de todos los elementos
que conforman la UNIDAD, la roca.

Es decir, se escribe que,

UNO (1) = a+b+c+d+e+... + ... +n   (Σ)

sobre un sistema de referencia, sobre un espacio racional, el
espacio matemático, el espacio de puntos inertes al que se le a-
socian características y propiedades que representan las de los

"puntos" del espacio real energético, del hiperespacio de partículas de naturaleza binaria, de partículas de masa y rotación,

donde a, b, c, ... n, son las cantidades de los diferentes elementos que componen la UNIDAD, la roca (n es finito real pero inmensurable; $n \rightarrow \infty$).

Obviamente, comienza a complicarse la descripción de cada término de la suma (Σ) al tener en cuenta sus propiedades individuales frente a una referencia, la manera en que se asocian entre sí y con el resto, y otras variables.

Como resultado se obtiene una expresión a la que se le llama *Serie de Fourier* cuando se hace énfasis en esta descripción como dependiente del tiempo y explicitando a sus componentes como unidades de circulación que pulsan constantemente; la pulsación se debe a que toda la unidad, la roca, se encuentra redistribuyéndose incesante, permanentemente, debido a la *pulsación primordial* siempre presente en el manto energético en el que estamos inmersos[Ref.(A).1].

No vamos a entrar en detalles matemáticos ni en confirmaciones que no se requieren ahora pues todo esto está exhaustivamente confirmado. Sólo vamos a mostrar cómo se pasa de una unidad constante que no depende del tiempo, a una suma de infinitas componentes temporales sinusoidales.

La amplitud y frecuencia de las pulsaciones de las unidades de circulación de la roca tienen relación con cada elemento al que representan; **de modo que ahora la UNIDAD (1), que representa a la roca (a su peso o su volumen) y que es una constante en el tiempo, se puede representar por la suma de componentes de pulsación**, de componentes sinusoidales pues en el límite las unidades de circulación pulsan en el tiempo de esta forma, sinusoidalmente.

Matemáticamente es relativamente simple mostrar que la unidad constante INDEPENDIENTE DEL TIEMPO, es, sin embargo, describible por componentes temporales DEPENDIENTES

DEL TIEMPO. ¿Cómo se entiende realmente esto?

Es que la constante absoluta independiente del tiempo es una suma de infinitas componentes temporales. Infinitas componentes significan un número suficientemente grande de componentes como para que nosotros no apreciemos variaciones en el tiempo. En la Realidad Absoluta no hay nada asolutamente constante sino la suma de unidades de cargas primordiales, el volumen de sustancia primordial. La Unidad Existencial, la roca en nuestro caso, es un volumen constante de elementos que pulsan y se redistribuyen de manera tal que no apreciamos movimientos... pero los hay.

Lo que debemos interpretar entonces es un volumen constante en el tiempo de un número infinito, inmensurable de componentes sinusoidales que representan las pulsaciones de las partículas primordiales y todas sus asociaciones dentro de la roca; <u>pulsaciones de frecuencias fantásticas que apreciamos por su suma</u>, por el peso relativo, por la Unidad roca. El peso es el efecto de esa suma de pulsaciones.

Lo que observamos en la representación matemática de la roca es lo siguiente,

VOLUMEN
DE CARGAS

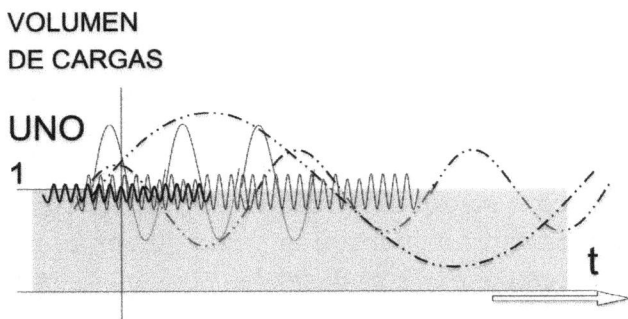

Figura IV.

UNO es el volumen de partículas primordiales, o de unidades de circulación, o de unidades de cargas primordiales de la roca, a lo que hemos llamado usualmente *cantidad de energía* o alguna de sus versiones como masa, peso, potencial u alguna otra variable que ahora no tiene importancia.

UNO es compuesto de las diferentes asociaciones de partículas y sus frecuencias de pulsación. Las magnitudes y frecuencias de pulsación de las asociaciones son respectivamente las amplitudes y frecuencias de las componentes senoidales dibujadas.

En todo y cualquier momento explorado, la suma de todas esas componentes temporales resulta en UNO, en el volumen o en el peso, por ejemplo.

¡ATENCIÓN, UNA VEZ MÁS!

Notemos que UNO no es una entidad real separada de todas las componentes senoidales, sino que es la representación de la suma de todas las senoidales. Solamente vemos el UNO como la roca toda por el efecto sobre nuestros sentidos de la suma de todas las componentes senoidales.

Si pudiéramos introducirnos dentro de la roca, solo veríamos parte de los componentes de la roca rodeándonos, y experimentaríamos el efecto de toda la roca sobre nosotros, de la presión y temperatura interna.

Desde afuera lo que en realidad vemos, con la instrumentación adecuada, es una pulsación a la mayor frecuencia correspondiente a la componente de mayor pulsación interna, y todas las otras componentes senoidales que son modulaciones de ésta. Prueba de esta pulsación dentro de la roca es que al calentarla comenzamos a ver pulsación en el espectro visible si la temperatura es suficientemente alta.

No necesitamos profundizar más para extender esta analogía a la Unidad Existencial.

Unidad Existencial.

El UNO mostrado en la Figura IV es el volumen de sustancia primordial de la Unidad Existencial.

El volumen de la hiperesfera de la Unidad Existencial se representa por la cantidad de energía contenida: UNO ABSOLUTO.

La distribución interna son todas las componentes temporales msotradas en la Figura IV; son infinitas, pero nos interesa la de mayor período, o de menor frecuencia, la senoidal mayor mostrada en la figura.

¡ATENCIÓN!
Por razones a las que no vamos a introducir aquí debido a la extensión requerida que excede el propósito de esta introducción, no vamos a justificar que esta componente es sobre la que está "montada" o modulada el dominio material. Esto es parte del libro de introducción para Ciencia, *La Teoría de Todo, Modelo Cosmológico Unificado,* que se encuentra en preparación.

¿Cómo comenzamos a "leer" e interpretar la información existencial, energéticamente, que se representa por este gráfico, o por la serie matemática simplificada (Σ)?

Antes que nada, y como una estimulación a todos y que en ciencias se reconoce muy rápidamente, es que estando concentrados sobre la componente de mayor período y observando sobre ella en un sub-espectro limitado de las demás componentes senoidales, veríamos algo parecido a la representación de la Figura V, en la página siguiente.

El círculo rayado en el sector A representa las componentes que alcanzamos desde la Tierra. No hemos dibujado la infinidad de componentes senoidales modulando la *portadora* sobre la que nos encontramos en la Tierra. Las componentes sinusoidales en infinito número que no mostramos representarían las galaxias y sus constelaciones y sistemas estelares.

Los diferentes niveles de modulación indicados como n_x, n_y, n_z, son los diferentes "universos en paralelo" a que se hace referencia en ciencia ficción, no tan ficción desde ahora en adelante.

El sector B de la "portadora" del dominio material es la que contiene la otra componente de la Unidad Binaria de la Unidad Existencial a la que nunca podemos ver sino por sus efectos en el manto energético y en las asociaciones de partículas primordiales en nuestro sub-dominio; son los efectos que la comunidad científica ha comenzado a reconocer como energía "oscura" (dark energy) y materia "oscura" (dark matter).

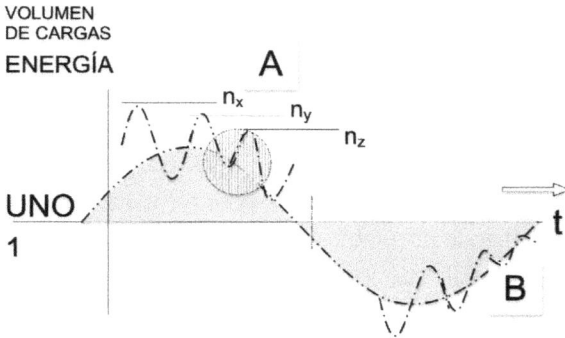

Figura V.

Decodificación de la información representada por la Serie de Fourier.

Regresamos a la Figura IV.

La reacción de la sustancia primordial frente a la nada absoluta fuera de la periferia $Z_{LÍM}$ del volumen de su presencia es lo que induce la distribución y sus redistribuciones y la configuración espacio-tiempo particular que ella toma.

La eternidad, la constancia absoluta de la Unidad Existencial, de la energía contenida por el volumen inmutable de sustancia primordial, se distribuye en componentes temporales. Ya lo vimos en la roca donde el volumen, el peso, es el efecto de todas sus componentes temporales internas de pulsación o vibraciones.

Esa distribución natural, primordial, se describe en nuestro espacio de referencia, espacio racional, matemático, por una *Serie de Fourier*. La *Serie de Fourier* describe algo absolutamente real; no tenemos que demostrar sino interpretar.

La configuración natural de la Unidad Existencial da lugar a un proceso de redistribución, el proceso existencial, que es consciente de sí mismo, que tiene capacidad de razonar, y es lo que induce nuestro proceso racional. Nosotros no creamos matemáticas sino que ella es resultado de una inducción primordial a la que nosotros realizamos, llevamos a cabo sobre otra dimensión del proceso, en el espacio de nuestra "creación", en el espacio elemental que reconocemos y al que llamamos espacio de referencia, espacio matemático.

Las relaciones entre los componentes de la *Serie de Fourier* para el hiperespacio de naturaleza binaria son las relaciones que nosotros vamos encontrando en nuestro universo, en el entorno de la Unidad Existencial que alcanzamos desde la Tierra. Estas relaciones son válidas para nuestro universo, pero tienen el mismo "formato", son análogas a las relaciones primordiales.

Un poco más complicada, la *Serie de Fourier* para una unidad cuyos "puntos" (partículas primordiales) son de naturaleza binaria se escribe como,

$$UNO\ (1) = a_1.a_2.f(t) + b_1.b_2.f(t) + c_1.c_2.f(t) + d_1.d_2.f(t) + ...$$
$$e_1.e_2.f(t) + ... + n_1.n_2.f(t) + ... \qquad (\Sigma 2)$$

Esas relaciones que rigen las composiciones, distribuciones de los componentes a_1,a_2; b_1,b_2; c_1,c_2; ... n_1,n_2 de la Serie que representa o por la que se describe la Unidad Existencial son las que en conjunto definen el Principio de Armonía, el Principio Primordial por el que se define a sí misma la

Unidad Existencial.

Luego, por las mismas relaciones por las que se define a sí misma la Unidad Existencial es que se rigen todas las interacciones entre sus componentes temporales, interacciones a las que llamamos *armónicas*. Ahora llamamos *Principio de Armonía* al Principio Primordial de composición y distribución de los componentes de la Unidad Existencial porque se extiende a las interacciones entre los componentes temporales.

El *Principio Primordial de Armonía* es el resultado o la consecuencia de las interacciones naturales, primordiales, por las que se re-energizan todas las partículas primordiales y sus asociaciones, todas las estructuras materiales en todas las dimensiones energéticas, y la estructura de interacciones de la TRINIDAD PRIMORDIAL por las que se sustenta la Consciencia Universal, Dios.

DIOS es Todo Lo Que Es, Todo Lo Que Existe; es la Unidad Existencial[Ref.(A).1].

Dios es la consciencia del proceso que se sustenta dentro de la Unidad Existencial.

La configuración de la FORMA DE VIDA PRIMORDIAL en la TRINIDAD PRIMORDIAL es consecuencia natural de la re-distribución de la pulsación primordial en el volumen esférico del manto de sustancia primordial y sus asociaciones; es consecuencia de la interacción de los dos dominios de redistribuciones con diferentes constantes de tiempo, con diferentes rapideces de redistribución.

No llegamos a la configuración de la TRINIDAD PRIMORDIAL, o del *Sistema Termodinámico Primordial* que sobre ella tiene lugar, por nuestras matemáticas, por nuestras relaciones causa y efecto que tienen lugar en nuestro universo pues nuestro universo es un entorno temporal de la Unidad Existencial con relaciones propias entre sus componentes (aunque esas relaciones son análogas a las primordiales pero con diferentes valores temporales de sus parámetros).

Si saliéramos fuera de la Unidad Existencial, cosa que no puede ocurrir, veríamos una hiperesfera de energía, algo similar a la Tierra vista desde el espacio, y cuando entráramos a ella iríamos cruzando colosales "olas" de energía, las "capas de cebolla" del manto de fluído primordial, hasta llegar al dominio material; y no podríamos ir hacia el centro de la Unidad Existencial tampoco, pues tampoco se define la vida allí, y no es posible penetrar ese entorno energético por la densidad de asociación que hay allí cuya inducción impide todo movimiento individual que no sea como parte de ese "manto sólido".

La vida sólo se establece, define y sustenta en el entorno de la TRINIDAD PRIMORDIAL, incluyendo a Dios, (todo lo demás fuera de la TRINIDAD PRIMORDIAL es para sustentarla y re-energizarla).

Armonía expresada desde una recreación de sí misma.

La eternidad de la presencia de lo que define la Unidad Existencial significa el cierre absoluto de ella, su inmutabilidad como Unidad Absoluta, no importa lo que ocurra dentro de ella.

Una vez consciente de sí misma la Unidad Absoluta, no puede dejar de serlo, por lo que el proceso por el que se sustenta el reconocimiento consciente de sí misma es uno, y solo uno, que se basa en una interacción particular, única, natural, entre todo lo que conforma la Unidad Existencial. La característica de esa interacción es *armonía,* y ésta es el principio por el que todas sus partes deben interactuar siempre en diferentes entornos espaciales y temporales dando lugar a las Leyes Universales particulares de cada entorno, de cada componente temporal *sub-portadora.*

Para entender mejor las *estructuras sub-portadoras en el proceso existencial* (galaxias, sistemas estelares) más allá del concepto básico que vimos en relación a nuestros sistemas de comunicaciones, tenemos que explorar las nuclearizaciones universales, algo que no podemos hacer aquí. Será incluído en el libro *La Teoría de Todo* antes mencionado.

Una Nota para la Ciencia.

Nuestras leyes universales son válidas sólo en nuestro entorno del proceso existencial.

Lo que hacemos al explorar nuestro universo es solamente determinar las relaciones particulares para nuestro universo, partiendo de la expresión de la *Serie de Fourier Primordial* pero con los valores de los parámetros locales referidos a una referencia local, obviamente de validez local.

Tenemos que determinar las funciones temporales f(t) en la expresión ($\Sigma 2$), que son funciones exponenciales sólo válidas para nuestro entorno, aunque la base de la función exponencial es la misma y única, la constante matemática $\underline{e}$, base de los logaritmos naturales.

(a)
¿Cómo es posible que el *reconocimiento* preceda al proceso racional? Porque el reconocimiento tiene lugar por comparación de imágenes a una *gran rapidez de proceso*[*] [por lo que no somos conscientes del proceso] y el *entendimiento* es por establecimiento de relaciones causa y efecto a otra rapidez de proceso más lento.

[*]
En ciencia es usual la expresión *constante de tiempo* en lugar de rapidez.

(b)

Como ejemplo del proceso racional que se rige por el concepto o principio primordial que se reconoce tenemos el caso del principio derivado del concepto de eternidad, el *Principio de Conservación de la Energía*.

Reconocimos primordialmente que,

"La energía no se crea ni se pierde, sólo se transforma".

Entonces, la energía es eterna.

Luego comenzamos el proceso racional.

Si energía es eterna, el "contenedor" que la contiene, la Unidad Existencial, es cerrada, absolutamente, y todo lo que ocurre dentro de ella es "imperdible". Y si es consciente de sí mismo todo lo que ocurre dentro de ella, entonces hay un proceso que lo permite y al que todo lo que ocurre se subordina. Esta subordinación da lugar al *Principio de Armonía* del que ahora podemos dar algunas ideas que nos ayuden a expandir lo que es de reconocimiento natural.

(c)

Análisis de Fourier o Análisis de Armónicas es el estudio de una función periódica a través de su descomposición en sus componentes senoidales y cosenoidales. El proceso de descomposición es conocido como *Transformación de Fourier*.

La recomposición de una función periódica por la integración de sus componentes senoidales y cosenoidales es el proceso de *Síntesis de Fourier*.

Este análisis y síntesis se basan en un reconocimiento primordial que dio lugar a la herramienta matemática *Series de Fourier*, a la descripción de una función periódica en sus componentes senoidales y cosenoidales.

XII

Algoritmo de Control del Proceso Existencial

El proceso existencial consciente de sí mismo es eterno; tiene lugar dentro de una estructura, la Unidad Existencial, que es absolutamente cerrada.

Entonces, cabe la pregunta,

¿Qué debe controlar la Unidad Existencial si es la Única Entidad Consciente de Sí Misma que es resultado de una presencia eterna en la que todo ocurre o tiene lugar naturalmente?

El concepto de control es un concepto cultural.

El concepto de control es una versión del concepto primordial de interacción armónica entre los componentes de la Unidad Existencial por los que se sustenta la Consciencia Universal, el reconocimiento con entendimiento de Sí mismo del proceso de interacciones y comparaciones que tiene lugar en el arreglo binario de interacciones, la Forma de Vida Primordial cuya estructura es parte de la TRINIDAD ENERGÉTICA PRIMORDIAL.

El control, la interacción armónica, es inherente a la configuración de redistribuciones energéticas e interacciones y comparaciones entre las estructuras de información de los componentes de la Unidad Binaria de Consciencia Universal Ref.(A).1.

Hay una supervisión natural de las redistribuciones energéticas de toda la Unidad Existencial con respecto a la hipersuperficie de convergencia energética $Z\Phi$, porque sobre este entorno ocurre un intercambio entre los componentes binarios de los dos dominios cuyas redistribuciones convergen allí. Sobre el entorno de convergencia el intercambio neto de masa y cargas (rotaciones) debe ser nulo por una condición natural resultado de la configuración de redistribuciones de todo el manto de fluído primordial Ref.(A).1.

¡ATENCIÓN!
Esta condición de cierre natural es la que da lugar, luego,
a la condición de cierre temporal de nuestros entornos e-
nergéticos.

**Algoritmo de control de un proceso energético, de la inter-
acción entre dos estructuras energéticas, es la función que
rige las interacciones entre esas estructuras energéticas y
los intercambios de sus variables energéticas para obtener
un resultado deseado a partir de una referencia.**

Los intercambios energéticos tienen lugar y se supervisan, se
controlan a sí mismos, en todos los sistemas de intercambios naturales; pero luego venimos nosotros, los seres humanos, a desarrollar aplicaciones que requieren variar los estados naturales de
entornos energéticos y, o sus interacciones, con un propósito local, temporal, de nuestro interés.

**Luego, es aquí, en nuestras aplicaciones fuera de los esta-
dos o interacciones naturales que se aplica realmente el concepto de control.**

Por ejemplo tenemos un entorno de energía eléctrica almace-
nada, una batería. Si no hacemos nada, la batería se descarga
sola en un período de tiempo muy largo. Es natural; la carga en
exceso de la batería tiende, o mejor dicho es obligada por el manto energético a tomar su valor en armonía con el manto dado por
una diferencia de potencial nula entre el contenido de la batería y
la atmósfera. Pero luego venimos nosotros y conectamos algo a
ella para darnos luz, una cierta cantidad de luz, para lo que se
necesita controlar la rapidez (ahora es mucho mayor) a la que se
descarga la batería a través de la lámpara. El control lo ejerce la
lámpara que con su resistencia mantiene la rapidez de descarga
al valor deseado dado por la intensidad de la luz deseada.

Debemos notar que el algoritmo de control depende de la referencia que se toma.

Regresando a la Unidad Existencial,

el algoritmo de control o de supervisión del proceso existencial, de toda la redistribución energética interna en todos sus entornos, es inherente a la configuración natural de distribución de la sustancia primordial y sus asociaciones; a la configuración de la distribución del fluído primordial, es decir, de la sustancia primordial sin asociaciones.

Este algoritmo primordial es la *Serie de Fourier Primordial.*

A nivel primordial la configuración natural de distribuciones de la sustancia primordial es el *Arreglo de Control de Redistribuciones Espacio-Tiempo*, y es el *Principio Primordial* de interacciones entre las unidades de la Consciencia Universal.

Esto no debe sorprendernos.

A esta configuración es que se deben las analogías universales, entre ellas la de los sistemas resonantes y de control.

La configuración de distribución primordial de unidades de cargas primordiales, de unidades de rotación, y sus redistribuciones temporales del manto de sustancia primordial y sus asociaciones, es la fuente o el origen mecánico de todos los principios y leyes en todos los entornos espaciales y temporales de la Unidad Existencial.

Una vez más vemos que podemos y hemos llegado conceptualmente al Origen Absoluto del proceso existencial y al Principio Primordial que rige su redistribución continua, incesante, eterna; al Principio Primordial que rige la redistribución que sustenta la re-energización y reestimulación de la estructura de interacciones de la Consciencia Universal por medio del proceso de recreación de sí mismo del proceso. Pero nuestras leyes universales son sólo eso: nuestras leyes, una versión temporal del arreglo primordial.

Fundamentalmente aplicamos concepto racional de control como derivado del *Principio Primordial de la Armonía* en nuestra vida diaria en relación con Dios, con nuestra versión cultural de la Consciencia Universal. Nuestro acceso a la estructura de Consciencia Universal depende de que nuestro proceso racional esté en armonía con el proceso existencial; nuestro proceso puede, y es permitido desviarse del proceso ORIGEN para dejarnos disfrutar el proceso de conscientización y nuestra consciencia de placer y gloria [Refs.(A).2 y 3, (C).1]. Por eso es que sólo en nuestro dominio tiene aplicación el concepto de control, ya sea para regresar a nuestra armonía con el proceso existencial, o para operar nuestros sistemas energéticos en relación a nuestras aplicaciones de interés.

La estructura de interacciones y las relaciones entre sus componentes por las que se rige a sí mismo el proceso existencial nos proporcionan las referencias por las que debemos regir, controlar nuestros desarrollos de la capacidad racional para adquirir consciencia (en realidad para acceder a la Consciencia Universal), y para regresar y, o mantener la armonía entre los procesos ORIGEN (o Dios) y SER HUMANO. Ya vimos esas referencias en el *marco de referencia primordial*,

Eternidad, la Verdad Absoluta por la que se debe regir el proceso racional de establecimiento de relaciones causa y efecto de la fenomenología energética universal. Comenzamos a seguir eternidad por el *Principio de Conservación de la Energía*;

Amor, orientación de relación e interacción con todas las formas de vida; es la respuesta natural a la fuerza primordial que reconocemos como sentimiento de amor; en la estructura de Consciencia Universal *Amor* es el algoritmo de interacciones entre unidades de inteligencia y consciencia de la Consciencia Universal; *Amor* es en la Consciencia Universal como la *Serie de Fourier Primordial* es en la Unidad Existencial: el algoritmo de interacciones entre <u>estructuras de inteligencia</u> en uno, de redistribuciones de <u>estructuras energéticas</u> en el otro.

XIII

Conclusión

El origen absoluto de Todo Lo Que Es, de Todo Lo Que Existe, del proceso existencial consciente de sí mismo (a Quién llamamos Dios, la Consciencia Universal), el origen del universo y de la manifestación de vida que sustenta y del ser humano, es una presencia eterna cuya configuración inteligente que se reconoce a sí misma se recrea incesante, continua, eternamente, a través de un proceso a nuestro alcance y del que somos sus unidades de la fantástica estructura de interacciones por las que se sustenta la Consciencia Universal, Dios.

Tenemos la evidencia racional iniciada por el reconocimiento intuitivo, primordial a nivel del alma, y su confirmación en la vasta fenomenología energética y de vida universal. Y más aún, tenemos la confirmación en la experiencia en nosotros mismos del proceso ORIGEN (a través de los sentimientos y las emociones), del proceso del que somos funcionalmente una réplica a *imagen y semejanza*, como ocurre con todo resultado temporal de un proceso existencial eterno inteligente y consciente de sí mismo. Este atributo de sustentar una réplica del proceso existencial a otra escala en nuestro arreglo trinitario *alma-mente-cuerpo* de forma física tan diferente, aparentemente, a la de la FORMA DE VIDA PRIMORDIAL[Ref.(A).1] es posible gracias a las propiedades topológicas del manto energético universal, a las propiedades de conectividad, continuidad y convergencia que permiten funciones *isomórficas*[a], funciones que se conservan a sí mismas con los mismos efectos, experiencias, en diferentes entornos de la Unidad Existencial.

Así como el conflicto aparente entre el *Principio de Conservación de la Energía* y la *Segunda Ley de la Termodinámica* se debe simplemente a no haber reconocido que el universo no es la Unidad Existencial sino parte temporal de ella (y eso nos lo dice indiscutiblemente la presencia previa de la energía del entorno existencial cuya expansión dio lugar a nuestro universo), así también el no prestar atención al principio de que *ningún proceso existencial puede dar lugar a nada más inteligente que la referencia del proceso, ni que el algoritmo de proceso del que resulta,* es lo que no ha permitido hasta ahora a nuestra especie humana presente en la Tierra reconocer y establecer consciente, voluntariamente, la relación energética entre el proceso SER HUMANO y el proceso del que proviene.

La coherencia y consistencia expuestas en las bases del Modelo Cosmológico Unificado nos permite explorar no sólo el proceso existencial sino su componente que es consciente de sí misma, la FUNCIÓN EXISTENCIAL CONSCIENTE DE SÍ MISMA, la Consciencia Universal, Dios, de la que somos unidades inseparables. La extraordinaria relación energética íntima, y como componentes inseparables de la Unidad de Consciencia Universal, entre Dios y la especie humana, se explora en la referencia (A).4. Esta relación y conexión real energética tiene lugar a través de la intermodulación del manto energético universal, a través de hebras energéticas definidas por densidades de rotaciones en fase entre sí de partículas primordiales en un sub-espectro fuera de nuestro alcance físico, hebras a las que modulamos a través de la mente.

Aquí nos interesaba llegar al Origen de Dios, el Universo y el Ser Humano, y mostrar el Principio Primordial del que se derivan todas las leyes universales, las leyes de redistribución energética de la Unidad Existencial y del universo, de nuestro universo, del entorno temporal de la Unidad Existencial que alcanzamos desde la Tierra.

Finalmente llegamos al Origen Absoluto, desde aquí, desde la Tierra, ahora, sin tener que dejar la Tierra para ello, y reconocimos el Principio Primordial de Armonía.

Nos interesaba saber por saber en sí mismo, lo cual ya es una motivación primordial por una parte, y es también, por otra parte, la respuesta propia del ser humano como recreación del proceso del que proviene, relación o conexión que se reconoce como tal a un nivel de su estructura trinitaria *alma-mente-cuerpo* [aunque todavía no sea consciente de ello su arreglo de *identidad cultural temporal* [Ref.(A).3] que, sin embargo, de alguna manera responde al reconocimiento de su alma (es por lo que llamamos *interés* por la que se manifiesta a sí misma la *identidad primordial*)].

Pero también nos motiva en todo momento saber cómo alcanzar nuestro estado primordial, el estado de sentirnos bien permanentemente en cualquier y toda circunstancia de vida, y poder crear la experiencia de vida que deseamos y alcanzar el propósito de vida que visualizamos o desde las condiciones en que hemos llegado a esta manifestación de vida temporal.

Ahora no sólo sabemos que proviniendo nosotros de un proceso del que somos una réplica a *imagen y semejanza* la información de nuestro estado primordial está en ese proceso, sino que está impresa de alguna manera en nuestro arreglo que nos sustenta como proceso SER HUMANO, y que gracias a ella podemos interactuar íntimamente, todos y cada uno, conscientemente, con el proceso ORIGEN, interacción que tiene lugar siempre aunque mayormente inconscientemente. Tenemos toda la información para alcanzar a establecer la interacción íntima individual a la que nos hemos referido en varias ocasiones[Refs.(A).2 y 3; (C).1] por la que podemos alcanzar, hacer realidad lo que deseemos.

Frente a esto último enfrentamos todavía una inquietud.

Ya pudimos llegar al Origen Absoluto de Todo Lo Que Es, Todo Lo Que Existe, pero ¿cómo nos conectamos realmente?, ¿cómo interactuamos conscientemente con el proceso existencial, con Dios?, ¿dónde está "eso" con lo que interactuamos para obtener nuestra consciencia, nuestro reconocimiento de sí mismo y desarrollar el Conocimiento, el entendimiento de todo el proceso existencial? También contamos con esta información[Refs.(A).3 y 4] que

---

nos permite alcanzar a visualizar y entender la interacción entre la trinidad humana *alma-mente-cuerpo* y la TRINIDAD PRIMOR-DIAL.

El proceso SER HUMANO es sustentado por una colosal estructura resonante en un sub-espectro fuera del alcance por los sentidos y la instrumentación del hombre, y esta estructura es parte de la estructura de consciencia colectiva de la especie, estructura que rodea a la Tierra, envuelve a la Tierra, de modo que la pulsación continua, incesante de la estructura colectiva modula el manto energético universal conteniendo los sub-espectros de cada individuo[Ref.(A).4]. Cada uno de los seres humanos tenemos un arreglo único de trillones de células de vida interactuando armónicamente, y nuestro reconocimiento de sí mismo se alcanza por la comparación de nuestra estructura individual frente a la de todos los individuos de la especie que se halla contenida en el arreglo colectivo. No somos conscientes de esta comparación que tiene lugar a una velocidad fantástica frente a la cuál la velocidad de la luz es sumamente lenta. No podemos imaginarlo ahora debido a nuestro proceso racional limitado por el marco de referencia predominante de la especie, un marco dependiente de la información desde el dominio material dependiente a su vez de la velocidad de la luz, pero esta limitación es superable por la expansión del proceso racional a otras dimensiones de proceso que se abren por nuestras decisiones conscientes, voluntarias. Nuestro proceso racional tiene un tiempo finito, medible en nuestro dominio frente a nuestras referencias, pero su transferencia al espacio, a la estructura de la TRINIDAD PRIMORDIAL es virtualmente instantáneo.

Si deseamos explorar las analogías más cercanas a este proceso de modulación entre dominios o sub-espectros de información, tenemos nuestros sistemas electrónicos de transferencia de información, los que a pesar de ser primitivos frente al proceso existencial son, sin embargo, conceptualmente análogos y válidos.

126

Para ello, para reconocer estas analogías y beneficiarnos de e-llas, sólo tenemos que crecer a partir del concepto de las componentes u ondas portadoras que hemos mencionado en la sección de Armonía.

Finalmente podemos saber por qué todo es como es, por qué nuestro mundo es como es[b], por qué sufrimos, cuál es el sentido de todo lo "bueno" y lo "malo" que experimentamos, y cuáles son los propósitos individuales y colectivos de la especie humana universal, no solo la de la Tierra. Las referencias que hemos venido indicando detallan toda esta información, al alcance de todos, que concierne a las inquietudes fundamentales comunes a todos independientemente del ambiente cultural en el que nos hemos desarrollado en esta manifestación de vida temporal.

[a]
Matemáticamente, en un espacio de referencia de nuestra creación, espacio es un conjunto de puntos con una estructura que permite operaciones entre ellos (suma, resta, multiplicación, división, potenciación).

Energéticamente, espacio es un conjunto de unidades de carga, de partículas con energía, con capacidad de intercambiar sus movimientos, con una estructura que permite intercambios energéticos entre ellos y sus asociaciones.

Espacio topológico es un conjunto de puntos con una estructura que tiene las propiedades de *continuidad, conectividad y convergencia*.

El *espacio topológico* permite el *homeo o isomorfismo*, es decir, permite funciones continuas que tienen *funciones inversas*. (Si una función permite que un juego de puntos que conforma una estructura cambie a otra, la *función inversa* permite que de la nueva estructura se regrese a la original).

Homeomorfismo es la transformación de un conjunto de puntos en otro que conserva las relaciones entre los puntos.

La propiedad energética de isomorfismo es posible en un espacio multidimensional de naturaleza binaria.

(b)

Hay un proyecto, ref.(B).(I).1, para el libro *Diosiño, Dos Mil Años Después,* que nos ofrecerá una revisión del estado de la civilización de la especie humana en la Tierra en relación al proceso ORIGEN.

Autor

Juan Carlos Martino es Ingeniero Electricista Electrónico gradua-
do en la Universidad Nacional de Córdoba, Argentina.

Inició su actividad profesional en Área Material Córdoba de la
Fuerza Aérea Argentina, en la Sección Electrónica de la Fábrica
Militar de Aviones, antes de buscar nuevas experiencias de vida,
primero en Venezuela, donde trabajó en la Refinería de Amuay de
Lagoven, Petróleos de Venezuela, y luego en Texas y Colorado,
en los Estados Unidos.

Juan y Norma, su esposa, viven actualmente en San Antonio,
Texas, luego de pasar casi once años en Longmont, Colorado,
donde Juan terminó de prepararse para participar al mundo la experiencia de su encuentro con Dios, con el Origen Absoluto, el
Proceso Existencial Consciente de Sí Mismo, que tuvo lugar en
Sugar Land, Texas, el 4 de Julio de 2001. Esta preparación tuvo
lugar en interacción íntima con Dios en sus exploraciones de los
glaciares de Colorado, en el Parque Nacional de las Montañas
Rocosas, luego de haberse movido a Colorado con este propósito
en Marzo de 2003.

Juan y Norma tienen tres hijos, Mariano, Omar y Carlos.

Desde muy pequeño Juan sintió atracción por la lectura primero, que le abría su imaginación, luego por la electrónica, que le
permitiría más adelante, por su interés particular por las aplicaciones elementales de circuitos resonantes, tener la experiencia que
necesitaría para trabajar con las orientaciones primordiales que
recibió de Dios, para finalmente entender el proceso existencial y
consolidar las leyes energéticas por el *Principio de Armonía* que
rige la evolución del proceso de recreación del universo a partir
del fenómeno temporal que la ciencia reconoce como Big Bang.

Esta consolidación coherente y consistente de las leyes energéticas en todos los entornos locales y temporales del universo es lo que nos permite tener el *Modelo Cosmológico Consolidado,* que describe la Unidad Existencial de la que nuestro universo es un entorno temporal que se recrea periódicamente por un proceso al alcance de todos. Este modelo consolida los dos dominios de la existencia, el dominio material que se alcanza con los sentidos del ser humano y la instrumentación que ha desarrollado, y el dominio espiritual o primordial en el que se halla inmerso el material y que se alcanza a través de la mente. Este *Modelo Cosmológico Consolidado* resuelve los dos retos racionales más grandes de la especie humana en la Tierra, científico uno, el *Origen y Evolución de Nuestro Universo*, y teológico el otro, la *Estructura Energética de la Trinidad Primordial* que la cristiandad reconoce como Padre, Hijo, y Espíritu Santo.

Si desea contactar a Juan Carlos Martino puede hacerlo por e-mail a la siguiente dirección,

jcmartino47@gmail.com

Apéndice

Otros Libros y Proyectos

La relación entre Dios y el ser humano, y la interacción íntima, particular, consciente, con Él

REFERENCIAS (A).

Títulos disponibles en Amazon.com, Inc.

1.
Antes del Big Bang.
Quebrando las barreras de tiempo y espacio.

El triunfo del raciocinio humano.

Entrando a la mente de Dios, del proceso existencial consciente de sí mismo que dio lugar al proceso UNIVERSO en el evento del Big Bang.

Nuestra primera aproximación a la presencia eterna de la que se origina Todo Lo Que Es, Todo Lo Que Existe.

2.
Con Corazón de Niño.
Dios, Tú y Yo, Compañeros en el Juego de la Vida.
Guía para la creación de un propósito o la experiencia de vida que se desea.

Si estabas buscando un *"Manual del Juego de la Vida"* para ayudarte a crear la experiencia que deseas, realizar la mejor versión de ti mismo a la que alcanzas a visualizar, o crear un propósito para la circunstancia de vida en la que te encuentras ahora o en la que fuiste dado a esta manifestación de vida temporal, este libro podría ser ese "manual" válido para todos.

3.
El Celular Biológico.
Ciencia y Espiritualidad de la Interacción Efectiva Consciente con Dios.
¿Quién no desea visualizar la conexión energética real entre Dios y el ser humano, o entre el proceso ORIGEN y el proceso SER HUMANO?

Finalmente, podemos visualizar ambas cosas, y más, mucho más. Podemos "introducirnos" en el mismo proceso en el que estamos inmersos y explorarlo cuánto deseemos. Pero más que nada, podemos establecer y cultivar una interacción íntima consciente efectiva con Dios, o con el proceso ORIGEN, para experimentar plenamente nuestra naturaleza creadora de potencial ilimitado desde, e independientemente de las circunstancias temporales en las que nos encontremos.

4.
Dios,
Consciencia Universal.
Origen y realización del concepto Dios en la especie humana en la Tierra.
Nuestra alma, siendo parte de la estructura primordial que nos establece y sustenta como una manifestación temporal del proceso SER HUMANO eterno, reconoce el pensamiento del proceso O-RIGEN del que provenimos y somos partes inseparables; y cuando la *identidad cultural temporal* del proceso SER HUMANO está lista, responde a ese reconocimiento del alma. Visualizaremos la conexión energética real que nos permite la interacción por la que resulta nuestra consciencia de Dios a partir de ese reconocimiento.

5, 6 y 7.
Libros de la Serie,
Hechos, La Manifestación de Dios Tal Como Sucedió.
    Libro 1, *¿Qué le Sucedió a Juan?*
    Libro 2, *El Regreso a la Armonía,*
    Libro 3, *El Proyecto de Dios y Juan.*
Estos libros cubren la extraordinaria experiencia de Juan por la que se le abrieron *"las Puertas del Cielo"* y a través de las cuales pasó a otra dimensión existencial, a otra dimensión de la Realidad Existencial. De allí nos trae Juan el mecanismo primordial que rige la interacción íntima consciente con Dios, con el proceso ORIGEN del que provenimos y somos partes inseparables, y las orientaciones e información que necesita el ser humano para alcanzar y entender las respuestas a las inquietudes fundamentales de la especie humana en la Tierra, tener la experiencia de vida que desea, y realizar la mejor versión de sí mismo que alcanza a visualizar.

133

Título especial para la Ciencia.

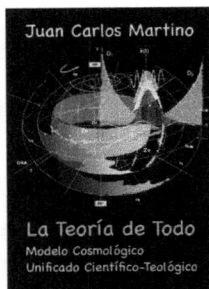

8.

La Teoría de Todo.

Modelo Cosmológico Unificado Científico-Teológico.

Introducción del *Principio Primordial* que rige el proceso existencial consciente de sí mismo, Dios, del que se derivan nuestras leyes locales; principio exhaustivamente confirmado por la fenomenología energética universal y por las replicaciones y aplicaciones desarrolladas por la ciencia.

El autor puede ser contactado a través de e-mail,

jcmartino47@gmail.com

Próximamente se iniciará a través de las redes sociales una interacción sobre estos libros y sus tópicos, y la participación del *Modelo Cosmológico Consolidado* al alcance de todos.

Los interesados también tendrán información de acciones, eventos y publicaciones en Youtube,

https://www.youtube.com/channel/UCVoAjWGLbdDMw7s6 4bqOYjA

En este momento, en Youtube hay algunos videos sobre el calentamiento global en la Tierra que fueron publicados en la primera fase de participaciones, antes de la preparación de los libros.

También podrán acceder al website,

www.juancarlosmartino.com

que será rediseñado para apoyar todas las acciones referentes al *Proyecto de Dios y Juan.*

El rediseño de este website se espera ser llevado a cabo hacia el primer semestre del año 2016. Si el rediseño no estuviese listo, al menos habrá una nueva primera página en español para canalizar la información referente al Proyecto y todas las publicaciones.

Los otros libros del autor listados a continuación se encuentran en versiones de trabajo [doc.] y copias en proceso de revisión. Posteriormente serán preparados en los formatos 6"x9" para su publicación.

Se espera tener el libro 1 del apartado B.(I), *Diosiño, Dos Mil Años Después,* listo y a disposición de los lectores en el segundo semestre de este año 2016.

Los otros libros B.(I).2 y 3, y particularmente los del apartado B.(II) debido a sus extensiones,

¡Yo Soy Feliz!, Bioelectrónica de las Emociones, vls. 1 y 2,

serán revisados a finales de este presente año 2016 año y publicados en una primera versión en formato PDF 8.5"x11" para ponerlos pronto a disposición de los lectores. Una segunda versión en formato 6"x9" se preparará y publicará más adelante, y otras versiones para su distribución gratuita.

REFERENCIAS (B).

(I). Al alcance de todos.

1.

Diosiño, Dos Mil Años Después.

Alcanzando por ti mismo las respuestas que el mundo no puede darle a tu corazón de niño.

2.

Recreación del Universo.

Modelo Mecánico Racional del proceso de re-energización de la Unidad Existencial y de transferencia de la información de vida.

Realización de la Teoría de Todo y el Modelo Cosmológico U-nificado Científico-Teológico.

3.

La Alberca del Cielo.

Una exploración inusual de los bellos glaciares del Parque Nacional de las Montañas Rocosas en Colorado.

(II).

Más avanzado, que incluye la primera aproximación al *Modelo Cosmológico Consolidado,*

4.

¡Yo Soy Feliz!

Bioelectrónica de las Emociones, Vols. 1 y 2.

[Estos libros son una recopilación de las primeras reflexiones que complementaron las que dieron lugar a los libros de **Hechos, La Manifestación de Dios Tal Como Sucedió** en referencia al proceso existencial y nuestra relación energética con él, y a nuestro mundo que es como es].

Ciencia y Espiritualidad de las Emociones,

Al alcance de todos, para todos los intereses del quehacer

humano.

Dios, proceso existencial consciente de sí mismo, ¡es real dentro nuestro!

Hoy podemos explorar la inseparable presencia de Dios en la trinidad energética que nos define y el proceso existencial que está codificado en la estructura ADN de la especie humana.

Origen de las emociones en los arreglos biológicos de la especie humana y su función en el control por sí mismo, de sí mismo del ser humano, para el desarrollo de su consciencia, de entendimiento del proceso existencial, la vida, para experimentar, sana y felizmente, la realización de sus deseos y creaciones; y

una motivación íntima, personal, individual, particular, a explorar el proceso existencial del que provenimos, y del que somos partes inseparables, para entender nuestra función y propósitos, individual y colectivo, en él, a través de él, frente a cualquier y todas las circunstancias de vida por las que nos toque pasar.

Volumen 1.
El Ser Humano es una individualización del Proceso Existencial del que proviene a *imagen y semejanza*.

Volumen 2.
¡Yo Soy!
El Creador de Mi Realidad.

OTRAS REFERENCIAS (C).

1.
Conversaciones con Dios, vols. 1, 2 y 3,
Neale Donald Walsch.
G. P. Putnam's Sons Publishers, New York.

2.
Pide y Se Te Dará,
Esther y Jerry Hicks.
Tres pasos para alcanzar lo que deseas,
- Pides;
- El Universo responde;
- Permites que la respuesta fluya hacia ti.

En este libro fascinante y profundamente espiritual, Jerry y Esther Hicks trascienden el plano físico para transmitirnos las enseñanzas de un grupo de entidades superiores que se denominan a sí mismas Abraham: un verdadero manual de espiritualidad, que incluye inspiradores ejercicios para aprender a pedir y a recibir todo aquello que deseamos ser, hacer o tener. Los autores de *El libro de Sara* nos ayudan a comprender nuestra naturaleza como creadores, y nos enseñan a confiar en las emociones para descubrir si nuestro pensamiento está vibrando en armonía con el ser. Nos invitan también a poner en práctica veintidós procesos creativos que nos situarán en la vibración adecuada para hacer nuestros deseos realidad: meditaciones, afirmaciones, interpretación de sueños, construcción de espacios de creación... Es el derecho de todo ser humano el gozar de una vida plena; este libro constituye la mejor herramienta para conseguirlo.

3.
Amar lo Que Es,
Cuatro preguntas que pueden cambiar tu vida,
Byron Katie, Stephen Mitchell.
¿Es eso verdad?
¿Tienes la absoluta certeza de que eso es verdad?
¿Cómo reaccionas cuando tienes ese pensamiento?
¿Quién serías sin ese pensamiento?
Responde a estas cuatro preguntas y luego inviertes tus respuestas.

"Cuanto más claramente te comprendes a ti mismo y comprendes tus emociones, más te conviertes en un amante de lo que es".
Baruch Spinoza.

4.
Biología de la Creencia.
(The Biology of Belief. Unleashing the Power of Consciousness, Matter and Miracles).
By Bruce Lipton.

5.
Plant-Animal Communication (Oxford Biology),
by H. Martin Schaefer (Author), Graeme D. Ruxton (Author).
Molecular Biology of the Cell,
Alberts B, Johnson A, Lewis J, et al.
New York: Garland Sciences.
Virginia Tech College of Agriculture and Life Sciences.

6.
Molecules of Emotion: The Science Behind Mind-Body Medicine, by Candace B. Perth and Deepak Chopra (Dec. 11, 2012).
Candace B. Pert, Ph.D., es profesora investigadora del Dept. de Fisiología y Biofísica del Centro Médico de Georgetown en Washington, D.C. y lleva a cabo investigaciones sobre SIDA.